これって ホントに エコなの？

日常生活のあちこちで遭遇する"エコ"のジレンマを解決

Is it really green?
Everyday eco-dilemmas answered

ジョージーナ・ウィルソン＝パウエル［著］

国立環境研究所　資源循環領域　資源循環社会システム研究室
吉田　綾［監訳］

吉原かれん［訳］

東京書籍

これって ホントに エコなの？

日常生活のあちこちで遭遇する"エゴ"のジレンマを解決

Is it really green?
Everyday eco-dilemmas answered

Original Title: Is It Really Green?: Everyday eco dilemmas answered
Text copyright © 2021 Georgina Wilson-Powell
Copyright © 2021 Dorling Kindersley Limited
A Penguin Random House Company
Japanese translation rights arranged with
Dorling Kindersley Limited,London
through Fortuna Co., Ltd. Tokyo.
For sale in Japanese territory only.

For the curious
www.dk.com

●本文内の用語に*のマークがあるものは巻末の用語集に解説があります。
●本文内の〔 〕囲み内は訳註です。

目次

はじめに

最初にお伝えしておくと、私はこれまで何か特別な経験をしてきたわけではありません。「オーガニック農園で野菜を栽培しながら育った」とでも言えたらいいのですが、そんな生い立ちもありません。1980年代生まれのどこにでもいる子どもたちのように、電子レンジで温めるフライドポテトを食べ、使い捨てプラスチックでいっぱいのパーティーに参加し、大量生産されたファッションで満たされた生活をしてきました。自分たちが毎日消費する大量のモノがごみ箱に捨てられた後にどうなるのかなんて、誰も考えようともしなかった時代です。

10代の頃に起きていた環境保護運動は、ほとんどが酸性雨や熱帯雨林保護に焦点を当てたものでした。「地球温暖化」と聞いても、良く言えば理論上の話、悪く言えば他人事だったのです。しかし困ったことに、実際はそのどちらでもありません。私たちが認めようと認めまいと、今まさに地球温暖化は現実に起きていて、異常気象というかたちで私たちを襲っています。現実を直視するのを拒むわけにはいきません。これは一人ひとりの肩にかかっている問題です。

新型コロナウイルス感染症のパンデミック（世界的大流行）をきっかけに、何を買うべきか、どこから買うべきか、そもそも買う必要はあるのかについて、今まで以上によく考えるようになったという人もいるでしょう。それでもなお、過剰消費は社会が抱える最重要課題です。モノや経験、娯楽に対する消費者の購買力と欲求に後押しされるかたちで、企業が地球の資源を乱用し続け、悲惨な結果を招いています。

本書では、私自身や友人、同僚、そして読者の皆さんが日々の生活のなかで直面している“エコ”に対するジレンマを取り上げました。分かりにくく、往々にして矛盾のあるアドバイスに出くわすと、ただ肩をすくめて、何もせずに済ませてしまいがちです。私自身もそうですが、たいていの人にはそんな経験があるでしょう。けれども、そのような姿勢こそ変えていかなければなりません。そこで、本書ではそれぞれの問題について、最も環境に優しく、シンプルな解決策を見つけるよう努めました。それでも見つからなかった場合には、その理由を説明しています。

本書で触れているのは、それぞれをトピックに何冊もの本を書けるような問題ばかりです。今回は必要な情報を拾い読みして、皆さんのご自宅やオフィス、ソーシャルネットワークに変化をもたらせるような、分かりやすいツールとしてお使いいただけるものにしたいと考えました。変化が必要なのは、私たちの日常的な行動だからです。

ところで、私のような人間がこういった本を書こうと思ったのはなぜでしょう？10年前の私は、アラブ首長国連邦の首長国のひとつ、ドバイで旅行雑誌の編集者として働いていました。ジェットセッター［自家用飛行機で世界中を飛び回る人］のように

あちこちを飛び回る、夢のような生活です。それはそれで楽しかったものの、自分が年に25回以上も利用するフライトの**カーボンフットプリント***を思うと、社会にはプラスにならないだろうという罪悪感に駆られ、充実感を得られずにいました。私ひとりでさえ、1週間で小さな山になるほどのペットボトルを消費し、まるでバスのように飛行機を利用する生活をしているのです。それを考えると、この美しい世界を持続させるのはどれほど難しいのかと不安を感じるようになり始めました。

何をすべきかを最初から知っている人などいません。学び取っていくしかないのです。それが生まれ育った環境に根ざした習慣に反するケースも少なくはないでしょう。また、ほとんどの人には経済的な限界があり、時間的な余裕もありません。それでも、変化は起こせます。私にできたのだから、あなたにもきっとできるはずです。

ドバイを離れた後の私は、リンゴの皮でレザーをつくる人や、海から回収したプラスチックごみを材料にしてボートを自作する人といった、気候危機に立ち向かうために新たな方法を模索している人々を、何らかの方法で紹介したいと思うようになりました。そこで2016年に、スタイリッシュでサステナブル（持続可能）な生活を紹介する無料のデジタル雑誌『pebble（ペブル）』を立ち上げたのです。

環境に優しい生活――すなわち「グリーン」な生活――をして小さな変化を積み重ねていけば、やがて社会の行動に大きな変化をもたらせるはずです。これまでだって、不要なプラスチック製ストローの使用をやめたり、ロックダウン（都市封鎖）に伴って移動を止めたりといった変化を、みんなであっという間に実現してきたのですから。一丸となって行動を起こせば、世界的なブランドや政府といった大きな存在にもプレッシャーをかけられます。絶望することはありません。諦める必要もありません。この本を活用して、短期的な成果を生み、長期的な目標を設定してみてください。あなたの進歩の様子を周りに伝え、お友だちを刺激し、上司や同僚とも話し合い、疑問があれば質問を投げかけ、そして気候危機に対する懸念に共感を示さない人々にはお金を投じないようにしましょう。誰にだって、できることがきっとあります。世界は、あなたが今すぐにでも何らかの行動を始めるのを待ち望んでいるのです。

ジョージーナ・ウィルソン＝パウエル

そもそも、この本はグリーンなの？

　私たちは、環境への影響ができるだけ少ない方法で本書を制作したいと考えました。そこでまず、本の一つひとつの構成要素に目を向け、それぞれがどこからきているのか、そして何からできているのかを検証しました。また、輸送による環境への影響を抑える方法を見つけ、オフィスにもより環境に配慮した行動習慣を取り入れました。これらの方針はすべて、真にエシカル（倫理的）なサプライチェーンの構築と維持を目指す、DK社の「Green Pledge（グリーン誓約）」の一環でもあります。それでは、本書について詳しく説明していきましょう。

紙

　使用する紙には、原書においても、日本版においても、森林管理協議会（FSC：Forest Stewardship Council）の認証を受けたものを選びました。"バージン紙"と呼ばれる未使用の原料を用いた紙は確かに森林伐採にはつながるものの、再生紙は種類によってはバージン紙よりも環境への影響が大きくなってしまうこともあります［製造時のカーボンフットプリントに大きなばらつきがあるため］。紙による温室効果ガス排出効果が比較的少なく、印刷会社への輸送が長距離になり過ぎないよう配慮し、日本版で

はFSCのCoC（Chain of Custody）認証を得ている印刷会社により、資材調達から印刷までを一貫して行いました。このFSCのCoC認証は、紙がサステナブルかつエシカルに調達されたしるしです。また、多くの書籍カバーには、手触りをよくしたり、傷みにくくしたりするためにプラスチック製フィルムのコーティングが施されていますが、本書ではプラスチックの使用と製本工程でのエネルギー消費量を削減するため、代わりに水性ニスを採用しました。

インク

　インクには鉱物油由来のものではなく、再生可能な資源を用いた植物油由来のものを使用して、モノクロでの印刷を選択しました。カラーか白黒かによってインクの使用量に大きな差が生じるわけではありませんが、カラーインクを使用すると、印刷時により多くのエネルギーが必要となるためです。

本の体裁

　ソフトカバーにするかハードカバーにするかの選択は簡単でした。製本工程がシンプルなソフトカバーのほうが、必要なエネルギーや材料が少なくて済むためです。ま

た、本のサイズも重要です。大きさによっては、印刷会社が使用する標準的な紙から断裁される際、無駄になる紙の量が多くなってしまいます。私たちはその無駄を最小限に抑えられるサイズを選びました。

印刷会社

製紙工場や印刷会社、倉庫の立地もすべて考慮に入れる必要がありました。各印刷会社で使われている異なるプリンターや印刷機の相対的な環境影響も頭に入れつつ、輸送にかかるエネルギーを削減するため、製紙工場と書籍の販売地域にできるだけ近い距離にある印刷会社を選びました。例えば、英国版は英国南部で、米国版とカナダ版はカナダ東部で印刷しました。私たちが選んだ印刷会社は、いずれも ISO14001認証［環境マネジメントシステムの仕様を定めた規格］と FSC の CoC 認証の両方を取得していて、サステナビリティ（持続可能性）への取り組みを積極的に実証してきた会社です。日本版においても、ISO14001認証と FSC の CoC 認証の両方を取得している印刷会社にて資材調達から印刷までを一貫して行いました。

働き方

本書の制作の過程では、私たちは印刷を最小限にとどめ、デジタルで共有するよう努めました。また、宣伝用の校正刷もしないことにしました。さらに、外部とのミーティングについては、オフィスに来てもらうのではなくオンラインミーティングで行いました。そして、2020年初めに英国でロックダウンが導入されたときは、すべてのミーティングをオンラインに切り替えました。このような働き方の調整は、私たちが作るすべての書籍に影響を与えました。

電子書籍のみに
限定しなかった理由

私たちは、本書でご紹介する情報をできる限り多くの人たちに届けたいと思いました。そのためには、紙の本と電子書籍の両方で制作する必要があります。ちなみに、電子書籍リーダー（端末）の製造に用いられるエネルギーや材料調達に必要な環境負荷を、同じ冊数の紙の本の製造にかかる環境負荷より少なくするには、年間約25冊の電子書籍を読む必要があるそうです。紙媒体でこの本を読み終わった後は、ぜひお友だちやご家族にお譲りいただくなどして、最後は資源としてリサイクルしてください。

気候危機は現実のもの

私たちの世界は、人類すべてを脅かす**生態系***崩壊の危機に瀕しています。「気候危機」という言葉が用いられるのは、まさに危機的状況にあるためです。2019年、国際連合は、地球を救うために残された時間があと11年しかないと発表しました。つまり、2030年までに二酸化炭素排出量を制御し、世界の平均気温の上昇を産業革命以前の水準から1.5度未満にとどめる必要があるというのです。それが果たせなければ、気温の上昇は2100年までに3〜4度にも達するおそれがあり、生態系や人間社会の機能を脅かしかねません。地球は荒れ果て、変わり果てた姿になってしまうでしょう。

地球は、適切な気温を保てなければ、生物を支えられなくなってしまいます。地球温暖化が進むと、まず氷冠（氷河の塊）が姿を消します。もし地球上のすべての氷床や氷河が溶けてしまった場合、海面は最大で60メートルも上昇し、沿岸部の都市や農地、島が冠水して、内陸部への大規模な移住を余儀なくされるでしょう。現在までに起きている気温上昇は1.1度にすぎませんが、すでにその影響は明らかです。海面が15センチメートル上昇し、異常気象が頻発するようになり（英国の洪水やオーストラリアの山火事など）、海水温度が上昇し（極端な暴風雨を引き起こし、世界中のサンゴ礁を脅かします）、そして野生生物の重要な種が激減しているのです。これらはすべて、食糧不足から水不足にいたるまでの直接的・間接的な影響を及ぼし、さらにそれらが相互に影響し合って、問題を悪化させています。

気候危機の原因とは？

このような状況は突如として発生したわけではありません。科学者たちは過去何十年にもわたり、大気中の二酸化炭素量を増加させる化石燃料の燃焼や工業型農業といった慣行への依存が、意図せぬ影響を引き起こすおそれがあると警鐘を鳴らしてきました。新型コロナウイルス感染症のパンデミック（世界的大流行）では、工業型農業がその一端を担っていた可能性もあるでしょう。今回の出来事は、**気候変動***に伴う緊急事態の前兆だったとの見方もできるかもしれません。サステナブルな農業をさらに推進していかなければ、私たちが将来的に同じような問題に直面する可能性もあります。

世界の**二酸化炭素排出量**は1950年代から**640%**増加しました。

過去70年間、世界の気温はほぼ絶え間なく上昇を続けてきました。現在、このような状況に陥っているのは、私たち人間が限りある資源に依存した製品や体験に対する欲望を抑えきれず、自分たちが自然のほんの一部でしかないにもかかわらず、自然界から断絶してしまっているためです。

加えて、気候危機は私たちが行動を起こすのを阻む数々の条件が揃った最悪の事態だと言えます。気候危機は手で触れられる

ものではありませんが、加速度的なペースで景観を変化させ、生命を破壊しています。また、あまりにも巨大で複雑な問題であるため、ほかの誰かが解決してくれるのを待ったほうがいいと考えてしまいがちです。これまで政府や企業、多くの人々が、自然界や専門家からの警告を無視してきました。おそらく変化をもたらすには、あまりにも困難で、あまりにも問題が大きく、あまりにも採算性に乏しいからでしょう。

2020年の新型コロナウイルス感染症のパンデミックにより、多くの人々がそれまで思いもよらなかった日常生活の崩壊を経験

しました。そして、世界中がその状況のなかで、すべきことやすべきでないことについての教訓を学んできました。気候危機を乗りきるうえでも、惨事に対する順応性と備えは、二酸化炭素排出量の削減と同じく重要となるでしょう。

世界は過去2,000年間で最も温暖化が進んだ状況にあります。2021年となった今、地球上のすべての人々に──そして未来の世代に──影響を及ぼす「危機」として、この状況に目を向けていかなければなりません。

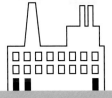

地球に立ちはだかる
9つの大きな問題とは

　私たちの世界は複雑に絡み合っています。「気候変動」の話題は、次のような複数の問題にまたがっていることが多く、それぞれの問題は密接に関わり合い、相互に影響を及ぼし合っています。

1. 地球温暖化

　地球温暖化は大気中に含まれる**温室効果ガス***（水蒸気、二酸化炭素、**メタン***、一酸化二窒素、フロンガス、**オゾン***）の増加によって起こります。「温室効果ガス」と呼ばれているのは、それが「温室」のような効果をもたらすためです。太陽からの熱は地表で吸収され、また地球の外に向かって放出されますが、その一部が温室効果ガスによって大気中に蓄積され、再び地表付近の大気を暖めます。大気は太陽光線に含まれる有害なものから私たちを守りながら、地球を生息可能な温度に保ちます。しかし、人間が産業活動によって大気中の温室効果ガスを増加させ、気温を上昇させてしまっているのです。地球温暖化は、気象パターンに乱れを生じさせ、世界中の生物種の生存を脅かします。

2. 森林伐採

　現在、森林は地球上の陸地のおよそ30%を占めますが、その割合は急速に減少しつつあります。世界全体で見ると、英国の国土に匹敵する面積の天然林が毎年失われているのです。また、過去50年間では、アマゾンの熱帯雨林の17%が伐採されてきました。**森林伐採***は、絶滅が危惧される動物の生息環境を破壊し、先住民の移住を余儀なくさせるだけでなく、気候にも深刻な影響を及ぼします。一方、樹木には、大気中の二酸化炭素を吸収し、数十年あるいは数百年にわたりそれを貯留する「**炭素吸収源***」としての役割があります。また、**生物多様性***を守り、洪水や地滑りを防ぐほか、私たちが森林を歩き回って過ごせばメンタルヘルス（心の健康）の向上にもつながるでしょう。そのように貴重な樹木を、より「価値の高い」農作物（大豆や綿花など）を栽培するという名目で、企業に大量伐採させてしまうわけにはいかないのです。またこの問題は、単に植樹をして解決できるものでもありません。新たに植えた木が、失われつつある熱帯雨林やマングローブなどの多様な生態系に匹敵する炭素貯留能力を発揮できるようになるまでには、数十年を要するからです。

3. 水の安全保障

　国連によれば、気温の上昇と森林伐採、産業汚染によって、清潔な水の不足という次なる危機が迫りつつあります。私たちが、自然に補充される量よりも多くの真水を使用しているため、地下水系の3分の1がすでに危機に瀕しているのです。世界の多くの地域（特にすでに乾燥している地域）では、淡水が必要になっても利用できなくなっています。また気象パターンの異変により枯渇する湖や河川がある一方で、洪水が頻発している地域もあります。このような不均衡が気温の上昇と相まって、今後数十年の

うちに大規模な移住や地理的緊張を引き起こすことが予測されます。

4. 汚染

ファッション産業や農業に起因する有害な大気から、濁った有毒な河川、死水域にいたるまで、汚染は気候危機が最も目に見えるかたちで表れたものだと言えるでしょう。一部の都市や工業地域の空気は息も詰まるほどで、広大な土壌は工業用化学物資により養分を奪われ、海は原油の流出に苦しんでいます。汚染は、景観を滅ぼし、動物のみならず人間さえも死にいたらしめるものです。大気汚染は世界における死亡リスク要因の第5位にランクしており、世界で最も大気汚染が深刻な都市では、寿命を10年縮めるおそれがあると考えられています。

5. 廃棄物

私たちが消費するモノが増えるほど、捨てられるモノも増えていきます。最近の廃棄物のほとんどはプラスチックを含んでいるため腐敗や生分解にはいたらず、埋め立て処分場や海洋に蓄積したり、焼却されて大気汚染を悪化させたりしています。また、海洋に投棄されるプラスチックは毎分トラック1台分にのぼるとされます。「見えなくなるものは忘れられる」とは言いますが、プラスチックは実際に消え去ってしまうわけではありません。事実、これまでに製造されてきたプラスチックはほぼすべて現在も地球上に存在しており、さらにその90%はリサイクルされていません。ほかにも多く

の環境問題が、廃棄物に対する私たちの軽率な姿勢と結びつきます。食品廃棄物は非常に深刻な問題となっており、極めて無駄の多いファッション産業の慣行は資源を大量に浪費しているのです。

▲私たちが生きていくうえで欠かせない土地や水、燃料、鉱物などの天然資源の多くは、過剰消費により急速に枯渇しつつあります。

▲気候科学者は、2030年までに先進国の生活スタイルを抜本的に変えなければ、環境破壊は修復不可能なレベルにまで進むと見込んでいます。

6. 生物多様性

　生物多様性（存在する生物の多様さと、生物間の複雑な関係性）は、地球上の生物に不可欠です。それぞれの種には、農作物の受粉、捕食者や被食者としての食物連鎖のバランス維持、有機廃棄物の循環など、自然環境の繁栄を維持するための役割があります。また、私たちがきれいな空気を吸えるようにするには健全な森林が必要であり、食料を供給するには農作物の受粉が必要であるほか、自然な個体数の魚類を維持するにはきれいな海も必要です。生物多様性はそれらすべての鍵となります。人間がいかに複雑なかたちで生物多様性に依存しているかということは、ようやく理解されつつありますが、その一方で、絶滅する生物は年間200～2,000種にものぼり、世界全体では過去40年間で昆虫種が41%減少しています。また現在、およそ100万種の動植物が絶滅の危機に瀕しているのです。

7. 海洋酸性化

　海洋プラスチックごみがメディアの注目を浴びていますが、**海洋酸性化** * はそれよりも破壊的な影響を及ぼすものだと言えるでしょう。海洋生物は、水中の温度と酸性度の微妙なバランスが保たれてこそ生息で

きるからです。海洋はスポンジのように大気中から**二酸化炭素***を吸収します。吸収された二酸化炭素は、水と混ざると炭酸になります。そのため人間によって二酸化炭素の排出が増えるほど、海洋の酸性度が増していくのです。事実、過去150年間で酸性度は30％も高まりました。その結果、サンゴやその他の海洋生態系の微妙なバランスが崩れ、生存できなくなります。海洋の酸性度上昇や無酸素状態により、海洋生物が生息できない「デッドゾーン」と呼ばれる水域が広がりを見せており、地球は今後数十年のうちにすべてのサンゴ礁を失いかねない事態に直面しています。

海洋は、地球温暖化によって生じた余剰熱のおよそ93％を吸収します。

8. 土壌侵食

　地球のつつましい土壌には十分な関心が向けられていませんが、私たちの足元や田畑の地中で起きていることも極めて重要です。健全な土壌は栄養分の高い食料を育てるだけでなく、大気中の3倍の炭素を貯留し、洪水を防ぎ、地下の淡水系に浸透する雨水を浄化します。しかし、過去100年の過耕作や**単作（モノカルチャー）***、広範囲に及ぶ農薬使用によって受けた多大なダメージにより、土壌はやせて生物が生息しなくなり、正常に機能できなくなっているのです。**オーガニック***、リジェネラティブ（環境再生型）、パーマカルチャー（永続的な農業）などの農法では、土壌の健全性回復がその中心に据えられています。

9. 枯渇しつつある資源

　これまで説明してきた問題はすべて、土地や水、エネルギー供給などの資源に大きな負担をかけています。それでも、私たち人間が人口増加とともに存続できるよう願うのであれば、今後さらに多くの資源が必要となるでしょう。不毛な海や土地、異常気象は、広く行き渡るのに十分な量の食料生産を困難にします。私たちは限りある地球で、限りある資源とともに生きているにもかかわらず、無限の成長を期待しているのです。今後60年以内には、現在の原油生産水準を維持できない状況が到来するとされます。資源が減少していくにつれ、その価格は高騰し、私たちの生活を大きく変えるでしょう。

私たち一人ひとりが
担うべき役割とは

　老若男女を問わず、住んでいる場所にかかわらず、誰にでもポジティブな影響を与えることができます。例えば、私たちは消費者として財布の中に力を秘めています。お金を使って何かを購入するたびに、あなたは自分自身が望む未来に投票しているのです。主導権を握っているのは世界的ブランドであるかのように感じるかもしれませんが、そのような企業の成功も、消費者一人ひとりの支持にかかっています。あなたが苦労して稼いだお金の行き先を強く意識して選んでください。地球（と人）を第一に考えている製品に投じましょう。私たちみんなが行動を起こせば、思っているよりもずっと早く変化を起こすことができるはずです。新型コロナウイルス感染症のパンデミックでも、私たちは各国でそのような変化を目にしてきました。以前のような「普通の生活」にはまだ戻れていないかもしれませんが、広範で体系的な変化を数週間で実現できるという事実に世界中が気づかされました。社会や世界的サプライチェーンを再編し、つくり替えられることが証明されたのです。私たちはこの経験で得た精神力を生かして、やがてパンデミックよりも長期的に続くであろう世界的な問題に対処していく必要があります。

　どこから手をつければよいのかも分からず、自分の行動が本当に変化をもたらせるかどうかも定かでなければ、押し潰されそうな気持ちになるかもしれません。それなら、その気持ちをもとに「積極的な希望」

をかき立てればいいのです。行動せず、た
だ待っているだけでは解決できません。ど
んなときでも、何もしないよりも、何かし
たほうがはるかに心が満たされます。目の
前にあるものに集中し、毎日できることを
やりましょう。あなたの時間とお金を地元
社会に投じれば、力強い社会やサプライ
チェーンを生み出せます。それを私たちが
直面している気候変動の問題にもぜひ活用
してください。

　本書でご紹介するような変化を取り入れ
るうえで、自分を「活動家」だと考える必
要はありません。たとえその動機がお金を
節約するためであったとしても（そうであっ
てもまったく問題はありません）、その行
動は私たちの地球を守る助けとなります。

それに、あなたはたったひとりで生きてい
るわけではありません。変化をもたらそう
としているあなたの努力やその理由を、お
友だちやご家族、同僚に話してみてくださ
い。学校や大学、職場、あるいは友だちや
家族のグループで、あなたが情熱を傾けて
いるテーマに焦点を当てた新しいコミュ
ニティをつくったり、あるいは既存のコミュ
ニティに参加したりするのもいいでしょう。

　たったひとりですべての問題を解決する
ことはできません。あなたなりのテーマを
選びましょう。優しく、勇敢に、そして大
胆になってください。私たちの地球は、あ
なたを必要としています。

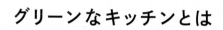

グリーンなキッチンとは

コンロやオーブンは、
ガス式と電気式のどちらを使うべき？

料理の世界では「ガスコンロか、電気コンロか、IHクッキングヒーターか？」という議論になると、意見が大きく分かれるもの。幸いにも、「環境にとっていちばんの選択肢は？」という問いなら、答えは簡単に見つかります。

ガスコンロは瞬時に熱をもたらしてくれますが、料理に化石燃料*を用いるため、環境に優しいとは言えません。一方、電気コンロなら再生可能エネルギーを利用できるほか、加熱に時間はかかるものの、エネルギー効率の面ではガスコンロを上回ります。とはいえ、最も環境に優しいコンロを選ぶなら、電磁調理器（IHクッキングヒーター）がいちばん。ガスコンロや従来型の電気コンロよりも高いエネルギー効率を発揮します。ただし、IHは電磁界を用いて熱を発生させる仕組みなので、銅やアルミのフライパンは使用できず、鋳鉄やステンレスのような磁性金属を用いたものを揃えなければならない点に注意が必要です。また、コンロの種類にかかわらず、料理の際には

フライパンのサイズにぴったり合うふたを使用したり、先にやかんでお湯を沸かしておいたりなどの近道を取り入れて料理時間を短縮させれば、エネルギーを節約できます。

オーブンの場合、最もグリーンなのはファン内蔵オーブン［通常は電気式。コンベクションオーブンとも］です。短時間で設定温度に達するため、一般的なオーブンに比べ、エネルギー消費量を約20%削減できます。

環境に優しい料理の裏ワザは、それだけではありません。調理の都合上、可能な場合にはグリルの代わりにトースターを選んだり、シチューのような煮込み料理にはオーブンの代わりにスロークッカーを使うのもおすすめです。いずれも消費電力の節約につながります。

▼同じ分量の食材を調理する場合、IHクッキングヒーターのほうが、ガスコンロや従来型の電気コンロよりもエネルギー消費量（キロワット時で換算）を抑えられます。

ガスコンロ
0.9キロワット時

電気コンロ
0.7キロワット時

IH
0.5キロワット時

冷蔵庫や冷凍庫をできるだけ
グリーンに使うには？

冷蔵庫や冷凍庫はキッチンの必需品ですが、エネルギーを
浪費してしまうことも。環境への影響を最小限に抑えるために、
いくつかの工夫をしてみましょう。

冷蔵庫や冷凍庫は、電源を常時入れたまま使用する大型家電なので、多くのエネルギーを消費しがちです。そのエネルギー効率は、さまざまな要因に左右されます。

例えば、オーブンや洗濯機、食器洗浄機などの熱を放出する家電の近くや、直射日光が当たる場所に設置されていると、低温に保つのに多くのエネルギーを要します。また、冷蔵庫や冷凍庫は、底面や（特に古いモデルでは）背面にあるコンデンサー（凝縮器）コイルを通じて熱を放出します。そのため、冷蔵庫の背面と壁の間に隙間がなかったり、コンデンサーコイルがほこりをかぶったりしていると熱を逃しにくくなり、やはり冷却により多くのエネルギーが必要となるのです。

環境への影響はそれだけにとどまりません。オゾン層破壊の原因となるフロンガスのひとつであるクロロフルオロカーボン類（CFCs）は、かねてより冷蔵庫の冷媒としての使用が禁止されてきました。その一方で、米国をはじめとする一部の国では、その代替として**ハイドロフルオロカーボン類**（**HFCs**）*やハイドロクロロフルオロカーボン（HCFC）が現在も使用されており、冷蔵庫の廃棄時にこれらの強力な温室効果ガスが大気中に放出され、地球温暖化の一因となっています。

ここで、冷蔵庫や冷凍庫が環境にもたらす影響を最小限に抑えるためにできる工夫を、いくつかご紹介しましょう。

● **キッチンのレイアウトを考える際**には、冷蔵庫や冷凍庫を熱の発生源から離れた位置に置くようにします。

● **新しい冷蔵庫を探すなら**、「統一省エネラベル」を参考に「e」の文字がグリーンで、星の数ができるだけ多いものを選びましょう。一般的に、容積が大きいほど年間消費電力量は大きくなりますが、インバータ制御や真空断熱材を導入した製品は、省エネ性が高いです。

英国では、
年間350万台
の冷蔵庫が廃棄されます。

● **メンテナンス**も重要です。扉のゴムパッキンが良好な状態であることを確認しましょう。冷蔵庫や冷凍庫から冷気が漏れ出していると、エネルギー効率が落ちてしまいます。また、年に数回はコンデンサーコイルの外側についたほこりの掃除をしてください。

● **サーモスタット**は、冷蔵・冷凍食品の推奨温度に設定しましょう。設定温度が低すぎるとエネルギーの無駄になり、高すぎると食品が無駄になってしまいます。

ヨーグルトの容器は、
リサイクルに出す前に洗うべき？

空になった食品容器を捨てる前にすすぐのは、
水の無駄のように思えるかもしれませんが、
それがリサイクルシステムを効率的に稼働させるのに役立っています。

　単純に言ってしまうと、このジレンマに対する答えはお住まいの国や地域によって異なります。英国と米国では、ガラスや金属、プラスチックの容器やパックをリサイクルに出す前に、きれいにすすがなければなりません。英国の場合、資源ごみはまず資源回収施設で処理されますが、資源ごみに汚れた状態のものが入っていると、一緒に入っていたごみすべてが選別・再資源化できなくなることもあります。また当然ながら、食べ残しも汚れとみなされます。資源ごみがリサイクルできないと判断されると、焼却処分や埋め立て処分に回されるため、システム全体に大きな無駄が生じてしまうのです。そのため、ヨーグルトの容器やパスタソースのびんをすすぐように義務付けられている地域では、リサイクルに出す前に堂々とすすいでください［日本の場合でもほぼ同じと考えて差し支えありません］。

リサイクルに出す際のエチケット

　異なる種類の資源ごみを混入させたり、黒いプラスチック容器や大半のピザの箱のようにリサイクルできないものを資源ごみ

として出したりした場合にも、同じ問題が発生します。一緒に運ばれてきた資源ごみ全体が無駄になってしまうかもしれません。

　資源ごみを出す前にすすぐと水を使いますが、リサイクルできなかった場合に生じるリサイクルシステム上のエネルギーの無駄（これは納めた税金の無駄でもあります）が削減できます。ただし、オーストラリアなどではリサイクル施設内で洗浄できるため、自分ですすぐ必要はありません。お住まいの地域のルールを調べてから、リサイクルに出すようにしましょう。

　また、真の問題は、どれだけのごみが本当にリサイクルされているのかという点です。かつて世界のリサイクル大国とみなされていた国々も、実際のところは大量の資源ごみを海外に輸出しており、受け入れ国側ではそのごみが投棄されたり、焼却されたりする事例も少なくありません（24ページを参照）。

●**理解を深めるために**、お住まいの地域のリサイクルのルールをネット上で調べたり、自治体に問い合わせたりしてみましょう。

●**洗いすぎには注意**。リサイクルに出す前にぴかぴかに洗っておく必要はありません。しっかりすすげていれば十分です。

●**油のこびりついたボール紙**（ピザの箱など）や汚れたビニール袋、耐熱ガラスなどは、リサイクルできません。ごみに出すときは、お住まいの自治体の分別ルールを確認してください。

汚れのある状態でリサイクルに出される資源ごみは、平均で**25%**にのぼります。

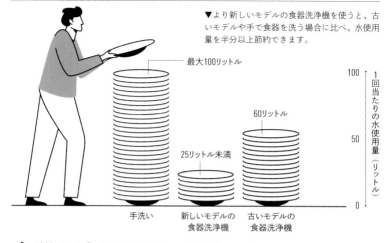

▼より新しいモデルの食器洗浄機を使うと、古いモデルや手で食器を洗う場合に比べ、水使用量を半分以上節約できます。

最大100リットル

60リットル

25リットル未満

1回当たりの水使用量（リットル）

100

50

0

手洗い　　　新しいモデルの　　古いモデルの
　　　　　　食器洗浄機　　　　食器洗浄機

食器を洗うときは、手洗いと食器洗浄機のどちらがいい？

食器洗浄機のエネルギー効率には大きな進歩が見られます。
賢く使えば、この便利な家電が「エコの戦士」となって水の節約に
一役買ってくれるでしょう。

　最近の食器洗浄機は、想像以上に効率が良くなっています。蛇口から勢いよく水を出すと水使用量は1分当たり9リットルほどなのに対し、食器洗浄機なら1回につき25リットル程度。食器が満杯に入った状態で洗えば、同量を手洗いするときに比べて、水の使用量はわずかで済みます。

　いずれの場合も、エネルギー消費量はさほど変わりませんが、水使用量の差を考慮すると、食器洗浄機のほうが効率的だと言えるでしょう。ただし、使用の際にはいくつかの点に注意が必要です。まず、食器洗浄機は必ず満杯になってから、節電モードで使用すること（最大で20パーセントの電力を節約できます）。また、食器についた食べ残しは水で洗い流さずに、皿からかき落

とすようにしてください。食器洗浄機に入れる前に水ですすいでしまうと、年間で最大2万7,000リットルもの水が無駄になるおそれもあります。そして最後のポイントは、乾燥モードを使用せず、扉を開けたままにして食器を自然に乾かすことです。

　食器洗浄機は、洗浄面では環境に比較的優しいものの、これには製造面や廃棄面での問題が考慮されていません。購入の際には予算内で最もエネルギー効率の高いモデルを選び、メンテナンス（フィルターの洗浄、残留物の除去など）を行って、できるだけ長く使い続けてください。食器洗浄機をお持ちでない場合は、水を流しっぱなしにせず、水使用量を最小限に抑えるよう心がけて洗いましょう。

実際にはどんなごみが
どれだけリサイクルされているの？

リサイクルのために努力するのはいいとしても、
回収された後の資源ごみはどうなるのでしょうか？
リサイクルシステムそのものが思いのほかグリーンでない場合もあります。

エコの合言葉と言えば、「Reduce、Reuse、Recycle（ごみの量を減らす、繰り返し使う、再資源化する）」。このなかで「リサイクル」が最後に来るのには理由があります。大量に発生した資源ごみを処理するのは容易ではないからです。資源ごみがどれだけ処理されているかは、お住まいの地域によって大きく異なります。

多くの国において、家庭から資源として出されたごみは、まず資源回収施設に運ばれ、そこでボール紙、アルミ、プラスチックなどに選別された後、大部分は海外（通常はアジア）に輸出されます。2018年に中国が他国からの廃棄物受け入れを停止した影響で、現在では一部の発展途上国が世界の「ごみ箱」になりつつあります。受け入

れ国側で資源ごみがどのように処理されているのかは明らかではありません。ガラスや金属は洗浄後に溶解され、新たな原料として生まれ変わりますが、それ以外は埋め立てられたり、焼却されたりして、有害物質を排出させるケースも少なくないのです。

裕福な国は大量の廃棄物を発生させる傾向にあります。米国の場合、一般的にひとり1日当たり約2キロ分のごみを廃棄します。欧州連合（EU）は、2020年までに各国の家庭ごみの50%以上をリサイクルすることを目標にしていましたが、達成できたのは数カ国のみでした。プラスチックにいたっては、世界全体でわずか9%ほどしかリサイクルされていません。

このような状況を知ると、やる気が出な

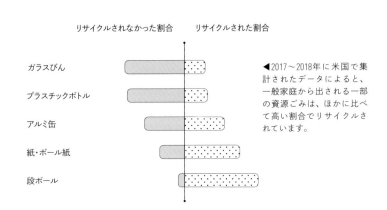

リサイクルされなかった割合　　リサイクルされた割合

ガラスびん

プラスチックボトル

アルミ缶

紙・ボール紙

段ボール

◀2017〜2018年に米国で集計されたデータによると、一般家庭から出される一部の資源ごみは、ほかに比べて高い割合でリサイクルされています。

くなってしまうかもしれません。当局が
リーダーシップを発揮できていないならな
おさらです。まず必要なのは、よりオープ
ンでシンプルなシステムをつくり、リサイ
クルできるものとできないものを分かりや
すくすることです。ドイツやスウェーデン、
ルクセンブルク、アイルランドなどの国々
では、明確な説明と区分されたごみ箱の設
置により、効率の良いリサイクルができる
ようになっています。

資源ごみを含む**英国の****ごみ全体の40%**が、最終的に**焼却**されます。

　また、次のように、ごみの負担を減らす
ためにできる工夫もあります。

●家庭から出る**資源ごみについての考え方
を見直しましょう**。消費量を減らし、再
使用可能なものは繰り返し使って、ごみ
を出さない努力をしましょう。

●**できるだけリサイクルしましょう**。リサ
イクルの対象となる素材かどうかは、製
品の容器包装についている「プラマー
ク」、「ペットボトルマーク」、「紙マーク」、
「アルミ缶マーク」、「スチール缶マーク」
などの識別マークで確認できます。

●地元の自治体に問い合わせて、資源ごみ
の行方を調べてみましょう。自治体が採
用している業者は透明で責任ある廃棄物
管理方針を設けているでしょうか？　そ
うでない場合は、自治体に変更を求める
運動を行ってもいいでしょう。

生ごみと一般ごみは分けたほうがいいの？

生ごみ用のごみ箱を別に用意するのは
不便に感じられるかもしれませんが、地球は感謝してくれるはずです。

　オーストラリアの調査によると、生ごみ
（食品廃棄物）は平均的な家庭ごみの35%
以上を占めています。

　お住まいの地域に生ごみのリサイクル制
度が設けられていたり、自宅にコンポスト
ボックス（堆肥箱）があるなら、生ごみを
分けるメリットがあるのは明白です。埋め
立て処分場では光と酸素が足りず、生ごみ
は効率的に分解されません。そのため、生
ごみの分解は非常にゆっくりとしたペース
で進み、その過程で強力な温室効果ガスで
あるメタンを放出します。

●まず、できる限り生ごみを**出さないよう**

にしましょう（26ページを参照）。

●**地元の自治体**がリサイクルのために生ご
みを回収している場合は、それを最大限
に活用しましょう。自治体では生ごみを
堆肥化＊して肥料として利用（文字通り
「再利用」）したり、燃料化して熱や電力、
輸送のための利用につなげたりしている
場合もあります。

●代わりに、**生ごみの堆肥化に自宅で挑戦**
してみるのもいいでしょう。その方法と
コツについては160～161ページでご紹介
します。

自宅の生ごみを減らしたり、
もう一度使ったりするには？

食品廃棄物は環境にとって大きな問題です。
食べ物を頻繁に捨ててしまっているなら、改善策はきっと見つかります。

　食べられずに廃棄される食料は世界の生産量の3分の1にのぼると推定されており、食品ロスは深刻な問題です。食料を無駄にすると、生産や輸送に要したエネルギーや水といった資源の無駄にもなります。それにもかかわらず、生産に中国よりも大きな面積を必要とするほどの量の食料が、毎年食べられずに廃棄されているのです。廃棄された食料が堆肥化されたり、燃料として活用（25ページを参照）されたりせずに、埋め立て処分場で腐敗すれば、強力な温室効果ガスであるメタンを発生させ、地球温暖化を引き起こす原因になります。

生ごみを減らすには

　計画的に買い物をし、食品を長持ちさせられるように保存方法を理解し、残り物を使い切るのが、ごみを減らすコツです。

● **献立の計画を立てる。** 買いすぎをなくし、家にある食材を使い切ることにつながります。

● 献立の計画をもとに **買い物リストをつく**

▼アイルランドで行われた世帯ごとの調査では、廃棄された食品の大半が、簡単に廃棄を避けられたであろうことが分かっています。

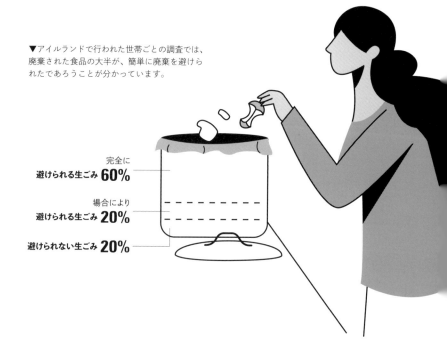

完全に
避けられる生ごみ 60%

場合により
避けられる生ごみ 20%

避けられない生ごみ 20%

り、それを守って購入しましょう。

● 購入するブランドを**厳選し**、特価品には注意しましょう。「ひとつ買えば、ふたつ目は無料」といった売り文句は魅力的ですが、お得なのは確実に食べ切れる場合のみです。

日本の食品ロス量は年間

600万トン

にのぼります。

● 生鮮品の**保存方法を学びましょう**。じゃがいもは暗い場所に保管し、キノコ類は紙袋に入れるとぬめりが出るのを防げます。フレッシュハーブは水に差して冷蔵庫に入れましょう（バジルは冷蔵すると傷むので、冷蔵庫には入れないでください）。

● 冷凍庫を**有効に活用**しましょう。使い切れなかったフレッシュハーブや飲み残したワインも製氷皿に入れて冷凍すれば（驚きですが、本当です）、料理に必要になったときに重宝します。硬くなったパンはミキサーにかけてパン粉にしてから冷凍し、余った野菜は冷凍前に細かく刻んでおくと便利です。

● 乾燥食品は**ガラスやプラスチックの容器**に入れ、残り物を入れた容器にはラベルをつけておくと、作り置きとして活躍します。

食材を使い切るには

　キッチンには工夫を凝らせることが無限にあります。ネット上で少し検索してみれば、さっと作れるスムージーから、アボカドや豆類、トマト、ビートの根を使ったフムスまで、いくつものお手軽レシピのアイデアが見つかるはずです。ぜひ想像力を発揮してください。

● 購入した食材は**すべての部分を使う**ようにします。ハーブの茎でソースをつくったり、鶏ガラで出汁を取ったり、柑橘類の皮をジンやウォッカの香り付けに使ったりするなどの工夫をしてみましょう。

● シチューや、野菜のタジン、カレーなどは**大量につくれば**豊富な季節の食材を余すことなく使い切れます。残りは冷凍しておくとつくり置きとして活躍します。

● 夕飯の残り物を活用して、翌日はおいしいお弁当をつくりましょう。当たり前のように思えるかもしれませんが、どれくらい実践できていますか？　ごみを減らせるだけでなく、プラスチック容器に入った出来合いのお弁当を買いたくなることもなくなります。職場に手づくりのお弁当を持参するときには、気密性の高い容器を使うと持ち運びに便利です。

「ゼロ・ウェイスト（ごみゼロ）」の意識をもとう

● **生ごみを検査**し、1週間に出るごみを詳しく見直してください。弱点をつかめたら、それを克服するための目標を立てましょう。

● **捨てる前に**、自問自答してください。次の食事をつくるのに十分な食材はありますか？　残った部分は次の食事に使えませんか？　すべてを使い切ると、爽快な気分が味わえるはずです。

「サステナブルな生活には、
　昔ながらの自然とともに暮らす知恵が
　役立つことも少なくありません」

食器を洗うときには、何を使うべき？

食器を手で洗うときは、スポンジやたわし、ふきんなどが必要ですが、
使い捨てはサステナブルでなく、地球を汚してしまいます。

　私たちは深く考えずに、これまで何十年も青と白の縞模様（しまもよう）の織布や黄色と緑のスポンジたわしを使って食器を洗ってきました。ですが、これらのアイテムは実は有害なのです。ポリウレタン製のスポンジは、キッチンではそれほど長持ちしないにもかかわらず、埋め立て処分場では何世紀も残り続けます。一方、寿命の短い織布は大部分がビスコース製（もく材パルプを多量の化学物質で処理し、エネルギー消費量の高い工程を経て製造される素材）で、適切な条件下では**生分解** ＊されますが、大半は、微生物が分解するのに十分な空気や熱が足りないため、埋立地に残ってしまいます。

　代用品には、キッチンで長く使え、捨てられた後は分解に何年もかからないものがベストです。スーパーマーケットで売られているパック入りのふきんの代わりに古い布地を切り取ったものを使ってみましょう。煮沸消毒して何度でも使えます。日本では昔から棕櫚（しゅろ）のたわしが使われていますが、木製の柄に馬の毛やサボテンを用いたブラシ、アガベ（リュウゼツラン）の撚（よ）り糸と銅のワイヤー（リサイクル可能）を用いたたわし、ココナッツの繊維やヘチマ、セルロースを用いたスポンジたわしもいいでしょう。ネットショップや多数の「ゼロ・ウェイスト（ごみゼロ）」の店では、リサイクル可能な包装材もしくはプラスチック不使用の包装材に入った、環境に害を与えないアイテムがたくさん見つかります。

▼耐用期間と廃棄後の分解に要する期間を比較すると、最も優れているのはリサイクルコットンを用いたふきんなどの天然由来の素材です。

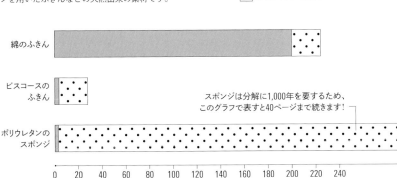

耐用期間

分解に要する期間

綿のふきん

ビスコースのふきん

スポンジは分解に1,000年を要するため、このグラフで表すと40ページまで続きます！

ポリウレタンのスポンジ

0　20　40　60　80　100　120　140　160　180　200　220　240

週

使用を避けたい掃除用洗剤とは？

一般的な掃除用洗剤を使わないほうがいい理由はふたつあります。
それは、「何が入っているか（原料）」と「何に入っているか（容器）」です。
天然成分を用いた洗剤なら、あなたの家だけでなく、心もクリーンに保てるでしょう。

掃除用洗剤に含まれる化学物質の多くは、土壌や河川、海洋に流入すると害を及ぼし、私たちの健康にも悪影響を及ぼします。そのなかでも必ず避けるようにしたいのは、次亜塩素酸ナトリウム（漂白剤に含まれる有効成分）を含有する製品です。次亜塩素酸ナトリウムが水中に流出すると、ほかの化学物質と混ざり合って**ダイオキシン類***などの塩素化合物を生成する可能性があります。これらは動物や人間にとって極めて有毒で、長期間にわたり環境中に残留するものです。また多くの掃除用製品は、開発の段階で動物試験が行われているので、その点も購入前に必ず調べておきましょう。

米国の五大湖では、
200種類の塩素化合物
が検出されています。

さらに、洗剤の入っていたプラスチック容器は空になった後、数世紀にもわたり海洋を漂ったり、細かく砕けて**マイクロプラスチック***になったりします。掃除用シートには、コンポストボックスに入れると1年以内に生分解するような環境に配慮した製品もありますが、1回限りの使い捨てプラスチック容器に入っているので、基本的には使用しないほうがいいでしょう。

漂白剤や、科学的な裏付けがあるように聞こえる殺菌剤を使わなくても、水垢やしつこい汚れは落とせます。地球に優しい掃除方法はほかにもたくさんあるのです。

●自然で最新技術を必要としない洗剤を**手づくり**するのはいかがでしょう。酢やレモン汁、重曹などを中心にした昔ながらのレシピを探してみてください。

●**市販の洗剤を買うなら**、スーパーマーケットやネットショップで手に入る植物由来の製品を選びましょう。詰め替えサービスを提供している企業から購入すれば、使い捨てプラスチックの消費量を削減できます。あるいは固形タイプを選べばプラスチック容器は一切不要です。できる限り地球に優しい掃除用洗剤を選びたいなら、オーガニック成分やクルエルティフリー（動物実験を行っていない）の表示付きのものを探してみましょう。

使い捨てのキッチンペーパーと何度も洗って使えるふきん類、どちらを使うべき？

現代の多くの家庭で欠かせないキッチンペーパーは、ふきんやナプキン、クロスを何度も洗濯するよりもグリーンに感じられるかもしれません。ところが、実際はその反対です。

キッチンペーパーの製造工程は、資源とエネルギーを大量に消費します。たった1トン分のキッチンペーパーを製造するのに17本の木と9万1,000リットルの水が必要なうえ、強度をつけたり、漂白したりするために有害な化学物質も用いられます。世界のキッチンペーパー使用量は、年間650万トン分以上にのぼります。

ふきんやナプキン、クロスの洗濯にも水とエネルギーを消費しますが、毎週のように購入する新品のキッチンペーパーの製造に要する量に比べると、その必要量はごくわずかにすぎません。さらに、繰り返し使用可能なふきんやクロスは、バージン材の需要も増やさないため、長期的によりサステナブルな選択肢となります。「グリーンなキッチン」を目指すなら、キッチンペーパーは必要ありません。

● ふきんやナプキンを**購入するなら**、麻やオーガニックコットンなどの天然繊維素材を選びましょう。化学物質を含有せず、マイクロプラスチックも排出しません（96ページを参照）。

● 新品のクロスの**購入は控え**、古い布を切って使いましょう。布のはぎれは、こぼした汚れを拭き取ったり、床を拭いたりするのにぴったりです。

● キッチンペーパーの使用を**やめたくないなら**、繰り返し使える竹製キッチンペーパーに切り替えましょう。天然の抗菌作用があり、数回洗えます。成長の早い竹は、エシカルに調達されたものであれば再生可能な資源とみなせます。コンポストボックスの中で短期間で生分解されます。

◀キッチンペーパーの製造には、ふきんを洗って繰り返し使うよりもはるかに多くの水を必要とします。キッチンペーパーの使用量を1本減らすだけで、28リットル以上もの水を節約できます。

1.7リットル

30リットル

ふきん1枚の洗濯に要する水使用量

キッチンペーパー1本分の製造に要する水使用量

食べ物と飲み物

ヴィーガンの食生活は常に環境に優しいの？

肉や乳製品を食べないことは、一般に地球にとっても、良いことです。
しかし、ヴィーガン(完全菜食主義者)にもジレンマは
あるのです。あなたの一つひとつの選択が変化をもたらします。

2019年の「気候変動に関する政府間パネル（IPCC：Intergovernmental Panel on Climate Change）」の報告書によると、食料生産システムに起因する温室効果ガスの排出量は、世界全体の37%にのぼります。食肉と乳製品の消費は世界的に増加の一途をたどっており、それが工業的規模のエネルギー集約型農業を支えているのが現状です。ただし、食肉と乳製品の生産に用いられる農業用地は全体の77%、二酸化炭素排出量も農業全体の60%を占めている一方で、食肉と乳製品は人間が消費するエネルギー量の17%を供給しているにすぎません。さらに、世界全体では食用に飼育される家畜が年間700億匹以上にものぼり、畜産業と酪農業が使用する農業用地の33%が家畜飼料の栽培に用いられています。多くの国では、食肉と乳製品の大規模飼育のために大量の森林を伐採して耕作地に転換し、集約的で化学物質を多用する家畜飼料の栽培に充てているのです。しかしながら、植物性食物を直接消費せずに肉に変えて消費すると、その熱量は10分の1に減少してしまいます。ヴィーガン食に転換すると、カーボン“フードプリント”［「フード（食料）」と「フットプリント」を組み合わせた造語で、各食品のカーボンフットプリントを意味する］を最大で73%削減できるという研究結果もあります。

とはいえ、ヴィーガンであれば、環境に影響を与えないというわけではありません。ここ数十年では、「スーパーフード」が人気を集め、特定の食品に対する需要がかつてないほど高まりました。そのため、アボカドやアーモンドミルクのように、消費者の需要拡大により特定地域に深刻な影響をもたらしている例もあります（42ページと55ページを参照）。サステナブルでない方法で生産された食品を主食にするこ

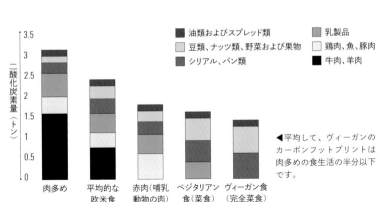

◀平均して、ヴィーガンのカーボンフットプリントは肉多めの食生活の半分以下です。

とは、環境に悪いのは言うまでもありません。さらに、ヴィーガン食が大きく依存する高タンパクの豆類は、主に温暖な地域で栽培されるため、それらを世界各地に輸送するには、二酸化炭素排出による負荷も発生します。

とはいえ、地元で生産された旬の野菜を中心とした食生活がいちばん環境に優しい食生活なのは明らかでしょう。また、ヴィーガン食は、工業型農業で当たり前に行われている動物虐待とも関わりを断てるというメリットもあります。

私たちの一回一回の食事が、地球環境に優しい選択をするチャンスです。次の点に考慮しながら、よりグリーンな食を楽しみましょう。

● 完全なヴィーガンに**なりたくないという**人は、「フレキシタリアン［ゆるいベジタリアン］」と呼ばれるアプローチが効果的でしょう。週2、3日だけ植物性食品を食べたり、食事の何割かをヴィーガンに置き換えたりする方法です。肉を食べるとしても、たまの特別なごちそうにすれば、地元産の有機畜産物を購入する余裕もできるはずです。

● ヴィーガンであるか否かにかかわらず、できるだけ旬の食材を食べるように心がけましょう。購入する食材の産地を調べ（50ページを参照）、サステナブルでない方法で生産されたものや、長距離輸送を必要とするものは、控えたり、制限したりしましょう。

乳製品や卵を食べても
グリーンであり続けるには？

ヴィーガンになる決心がつかないなら、
乳製品をどこから調達すべきか考えてみるのがいいでしょう。

肉類や魚類の消費をやめれば、環境破壊を助長する食肉産業やサステナブルでない漁業慣行をサポートせずに済みます。しかし、酪農業による地球への影響も軽視すべきではありません（42ページを参照）。米国では農業用水の約5分の1が900万頭の乳牛の飼育に使われています。英国ではなんと年間130億個もの卵が消費されます。加えて、乳製品や卵の供給に必要な大規模農場では、エネルギーや飼料、抗生物質が大量使用されており、さらに空輸距離も考慮

すると、その温室効果ガス排出量は数百万トン分にも相当します。乳製品と卵の消費をやめれば、このような悪影響をもたらす集約的農業の需要を削減できるでしょう。

乳製品と卵の消費を完全にやめたくないのであれば、消費量を減らし、購入するときは放し飼いで有機飼育された地元産のものを選ぶことを考えてみてください。自宅の敷地に余裕があれば、鶏を自分で飼育するのもいいでしょう！

よりグリーンな肉を選ぶには？

肉の消費は、一般的に「グリーンでない」とされますが、
どの肉も同じというわけではありません。
食べる肉の種類をよく考えて選べば、よりグリーンな食事ができます。

　世界中で輸出されている大量市場向けの食肉は、まぎれもなく地球に負担をかけます。温室効果ガスの排出や、飼育や飼料栽培のための森林伐採、工場式畜産場からの廃棄物により生じる土壌の劣化など、高い代償が伴っているからです。そのうえ、工業型農場では動物福祉を無視した過密な環境で家畜の飼育が行われています。予防的措置として、また一部の国では成長促進剤として、健康な家畜に日常的に抗生物質を与える慣行も、人体に抗生物質耐性をもたらす脅威を高めます。

　温室効果ガス排出による害が最も大きいのは牛肉と羊肉です。この2種類の家畜だけで、ほかのすべての家畜を上回る量のメタンを発生させます。

　鶏肉の場合、カーボンフットプリントは比較的少なめではあるものの、動物福祉の面では評価が低くなりがちです。英国のスーパーマーケットで販売されている鶏肉の大部分を占める「ロス（Ross）」〔日本では「チャンキー」〕と呼ばれる品種は、不自然な方法で急速に成長させられ、生後わずか35日で出荷されます。ひとつの鶏舎内に最大で5万羽もの鶏が詰め込まれ、成長を加速させるために人工光を照らして長時間眠らない状態に保たれる場合もあるのです。

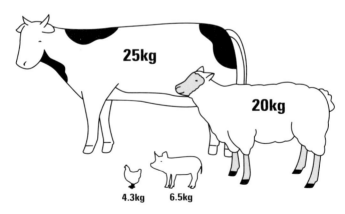

25kg

20kg

4.3kg　6.5kg

▲家畜のカーボンフットプリントは飼育方法によっても異なりますが、上の図はタンパク質100グラム当たりの**二酸化炭素換算値***の世界平均をキログラムで表示したものです。

よりグリーンな選択肢とは

　ただし、環境負荷が比較的少なく、プラスの影響さえ期待できる飼育方法もあります。例えば、ほかに用途がない土地で家畜を十分な管理の下で放牧飼育すると、土壌の質と炭素貯留能力を改善させられます。ただし、これはどんな気候下でも可能なわけではなく、安価でもありません。そのため、食肉生産の影響は国によって非常に大きく異なっており、南米の牛肉のカーボンフットプリントは、欧州の牛肉に比べて平均3倍にもなります。

　また、あまり一般的でない種類の肉を選んだほうがグリーンな場合もあるでしょう。酪農業の副産物である（オスの）仔牛肉もそのひとつです。生産方法が非人道的であるとされる仔牛肉には異論も多いものの、エシカルに飼育された仔牛肉の産業も新たに生まれつつあります。仔牛は、部分的に放牧で飼育されるものが多く、十分に成長した牛に比べて水や穀物の消費量もメタン排出量も少ないので、成牛の肉よりもサステナブルだと言えるのです。

　重量のある家畜に比べると、土壌を踏圧（とうあつ）しない在来種の敏捷な動物（シカなど）もサステナブルです。それほど圧縮されていない土壌なら、より多くの水を吸収できるため、洪水のリスクも軽減できます。狩猟肉（シカ肉やモリバト肉などの飼育によらない肉）も、畜産肉に比べサステナブルであるケースが少なくありません。個体数調整のために駆除された肉は特にそうですが、その慣行自体は物議を呼んでいます。

　人工肉（lab-grown meat）の世界でも飛躍が見られます。このアイデアは動物福祉の面では魅力的です。ただし、環境面でも「本物」の肉よりも地球に優しいと言うには、研究所でのエネルギー消費量を最小限に抑えたうえで、有害な副生成物を出さないようにしなければなりません。

　肉を食べつつ、環境への影響を軽減するには、質の高いものを少量だけ食べるようにしましょう。

- ●**消費量を減らしましょう。** 食べる量を減らせば、購入するときにはサステナブルな有機畜産の肉にお金をかける余裕ができきます。

- ●**スーパーマーケットで販売されている安価な肉は控え**、地元のサステナブルな有機畜産をしている牧場をサポートしましょう。有機牧場の場合、家畜は密度の低い屋外を自由に動き回り、穀物のみでなく牧草も食べて育ちます。

- ●**肉を食べる際には「頭から尻尾まで」の哲学を取り入れて、**できるだけすべての部分を使いましょう。ローストチキンを料理したときには、鶏ガラで出汁を取るようにすれば、ほかの食品の購入量もごみも減らせます。

- ●**肉を購入したら、**無駄を出さないようにしましょう。ネット上で余った材料を工夫して使えるレシピを探してみてください。

「ミレニアル世代の5人に1人は、環境への影響を抑えるために食習慣を変えています」

地球にダメージを与えずに魚を食べるには？

魚を食べるのは、身体にとっても環境にとっても良いことだと思われていますが、サステナブルでない漁業慣行を考慮すると、ペスカタリアン（魚菜食主義者）の食生活が本当に環境に優しいか疑問視されます。

かつて海岸線を取り巻いていた複雑な海洋生態系は、商業的漁業により大きな打撃を受けてきました。漁業そのものは必ずしも環境にダメージを与えるわけではありませんが、魚の繁殖よりも速いペースで漁獲が行われる「乱獲」が問題となっているのです。120メートル長の網とフックを使って広大な海底をさらうトロール船は、生態系に大打撃を与えます。海洋生物にとって、乱獲はプラスチック（今やマイクロプラスチックはほとんどの魚介類から見つかります）やその他の汚染物質さえもしのぐ最大の脅威となっており、魚資源を急速に絶滅の危機に追い込んでいます。

養殖魚も、わずかにましであるにすぎません。集約的な養殖場での密集した環境では、病気やフナ虫などの寄生虫が発生しやすくなります。その対策として、魚には抗生物質が与えられ、水には殺虫剤が投入されているのです。これは周囲の環境を破壊し、生息環境や海洋の生物多様性の低下をもたらします。

魚の購入には次の点を心がけましょう。

- スーパーマーケットで魚を購入する際には、サステナブルに調達されたことが分かる**認証を確認しましょう**。英国では海洋保護協会（MCS：Marine Conservation Society）の信号表示システムにより、サステナブルな調達が行われたかどうかがランク付けされています。日本ではMEL（マリン・エコラベル・ジャパン）があり、漁業・養殖の認証を行っています。販売されている魚種の資源状態を調べ、絶滅が危惧されるものは購入しないようにしましょう。

- **海の近くに住んでいる場合は**、地元の漁師や魚屋から魚を購入しましょう。そうすれば、どのように獲られた魚か確認できます。

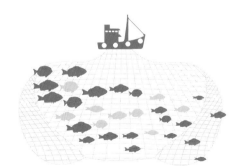

違法な漁獲

合法な漁獲

◀食用に販売される魚介類の30%は違法な漁獲によるものと推定され、水産資源を危険な水準まで低下させています。

大豆がもたらす環境への影響とは？

工業的規模の大豆栽培により、驚異的なペースで森林伐採が進んでいます。
よりサステナブルなアプローチを目指すなら、購入する大豆の生産地や、
大豆がどのような用途に使われているかを知っておきましょう。

過去20年間で大豆の需要は飛躍的に高まっており、生産量は400％も増加しました。植物性食品を食べる人が増えたことも、人気の高まりの一因かもしれません。ただし、大豆の大部分は人間の食料としてではなく、工業的畜産により飼育される牛や豚、鶏などの家畜の飼料として利用されているのです。

大豆はどうやって栽培されるの？

ほとんどの大豆の産地であるブラジルでは、大豆生産が森林伐採を助長しています。これを受けて2006年以降、多くの国々がアマゾンの熱帯雨林を伐採した土地で栽培された大豆を買わないことを約束しました。それでも現地の多数の大豆農家が単に

ブラジル高原に広がるセラードなどの天然林に場所を移し、栽培を続けているのが現状です。このような森林破壊が、土壌劣化、洪水や土砂崩れの増加、貴重な野生生物の生息地の喪失につながっています。

加えて、大豆は広大な土地を単一の農作物が占める「単作」や「モノカルチャー」と呼ばれる方法で栽培されます。このような工業的規模の生産は土壌を劣化させるばかりか、サステナブルでない量の水やエネルギー、化学物質を使用し、害虫や病気に極めて弱い農作物を生みます。また、肥料や農薬の大量使用は、昆虫を殺し、河川を汚染し、ほかの植物が育たない有毒な土壌をつくるのです。

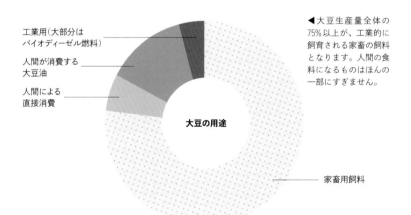

工業用（大部分は
バイオディーゼル燃料）

人間が消費する
大豆油

人間による
直接消費

大豆の用途

家畜用飼料

◀大豆生産量全体の75％以上が、工業的に飼育される家畜の飼料となります。人間の食料になるものはほんの一部にすぎません。

ほとんどの大豆には、管理を容易にするために**遺伝子組み換え***操作（DNAを操作して農作物に特定の性質を与えること。GMとも）が行われています。遺伝子組み換え大豆は、強力な除草剤に対する耐性がありますが、散布されている除草剤に雑草が耐性をもつようになると、農家はさらに強い化学物質を使います。それが水の**富栄養化***や、土壌や河川の酸性化などといった環境問題の悪化を招くのです。

欧州の食肉消費量を半減させれば、大豆かすの使用を**75%**削減できます。

よりグリーンな選択肢とは

サステナブルに栽培された大豆もありますが、多くの慈善団体や非政府組織（NGO）は、それがどの程度グリーンかという点に疑問を呈しています。ほかのさまざまな食品関連問題と同様に、大豆の大規模生産によって生じる問題にも容易な解決策はありません。それでも、代用品の研究も進んでおり、家畜の飼料として大豆かすの代わり

に昆虫を用いるなどの方法で、よりグリーンな畜産物生産への大きな飛躍も期待できるでしょう。

現在の大豆需要を減少させるには、穀物飼育された食肉の消費を抑えるのが最も効果的です。「大豆フットプリント」を減らす方法などをここでご紹介します。

●穀物飼育でなく牧草飼育が行われた地元産の肉を**購入しましょう**。一般的に、牧草飼育の場合は放牧されて育つのに対し、穀物飼育の家畜は工業的な環境で育ちます。さらに、牧草飼育による肉は栄養分が高い傾向にあります。

●大豆製品の**生産情報を確認**しましょう。できれば原産国を見て、熱帯雨林地帯で栽培されたものでなく、輪作農法を採用し、景観を損なわないための取り組みを行い、生物多様性の保護に尽力している農園で栽培されたことを確認してください。

●**豆腐製品を購入するときは**、できるだけオーガニックのものを選びましょう。日本ではオーガニックと表示された豆腐は少ないですが、輸送による環境負荷を下げるために国産大豆のもの、凝固剤に天然にがりを使用している、消泡剤不使用のものを選びましょう。

いちばんグリーンな代用乳とは？

乳成分を含まない代用乳も豊富な種類がありますが、
植物由来の代用乳もグリーンなものばかりではありません。

　酪農業の温室効果ガス排出量は、世界全体のおよそ3〜4%を占めます。乳牛飼料用の穀物の栽培には広大な土地を要しますが、本来であればその土地の多くは人間が食べる農作物の栽培に活用しうるものです。また、工業的な酪農は、森林破壊や生物多様性喪失の一因となるばかりか、化学物質を多く含んだ膨大な廃棄物を発生させて、土壌の劣化、河川の富栄養化なども引き起こします。それだけでなく、大規模農場の乳牛は生後間もなく母牛から引き離され、オスの仔牛は殺処分されます。そして成牛になると過剰な搾乳により疲弊させられるという悲惨な一生を送るケースも少なくありません。ヴィーガンの代用乳に切り替えたほうがよりグリーンなのは明らかです。

植物性代用乳の比較

　環境に優しい生活をするために別のものを使いたいときには、必ずそれぞれの代替品がグリーンと言えるかどうかを先に調べるようにしましょう。

好ましい

- ☑ オーツミルク
- ☑ ココナッツミルク
- ☑ ヘンプミルク
- ☑ ピープロテインミルク

好ましくない

- ☒ 乳製品
- ☒ アーモンドミルク
- ☒ 豆乳
- ☒ ライスミルク

▲栄養面のメリットはさておき、一般的には、左側にリストされている「ミルク」は、右側のリストに比べてグリーンなチョイスだと言えます。

●**オーツ**ミルクは、とりわけ環境に優しい植物性代用乳です。オーツ麦は集約的農業で栽培されることは少なく、二酸化炭素排出量も比較的低く、水使用量もアーモンドの6分の1で済みます（詳細は後述）。加えて、すべてのブランドが行っているわけではないものの、製造過程で発生する廃棄物はバイオガスとして利用可能です。また、オーツ麦は植物性代用乳の人気がとりわけ高い北部地域の涼しい気候でも栽培できるので、農園から消費者までの空輸距離も抑えられます。

●**ココナッツ**ミルクもおすすめのチョイスです。需要の高い市場の多くに届けるには輸送距離が長くなるおそれもありますが、ココナッツの栽培は水や化学物質をほとんど必要としません。そのうえ、ココナッツの木は優れた炭素吸収源にもなり、生きている間ずっと二酸化炭素を吸収し続けてくれます。

●**ヘンプ**ミルクの原料は麻の実（種子）で、タンパク質と脂肪酸が豊富に含まれます。丈夫な植物なので農薬を使用せずともあらゆる場所で栽培でき、水使用量も比較的少なくて済みます。また各部位に用途があるため、無駄がありません。

●**ピープロテイン**（エンドウ豆由来たんぱく質）ミルクの原料である黄色いエンドウ豆は、牛乳に比べ25分の1、アーモンドミルクの100分の1の水使用量で栽培可能です。栄養分も高く、タンパク質とカルシウムが豊富に含まれます。

●**アーモンド**ミルクは、専門家やブロガーが健康面でのメリットを絶賛したのを受けて、近年は爆発的な人気を博してきました。その結果、世界的に需要が急増し、大半の大規模アーモンド農園が集まる米国カリフォルニア州に多大な負担を

かけています。すでに気候変動の影響でほぼ恒久的な干ばつ状態にある同州ですが、アーモンドもほかの樹木作物と同様に年間を通じて水を与える必要があります。それゆえ、栽培のために別の地域からも水を迂回させて灌漑（かんがい）せざるをえず、将来的な水供給が危ぶまれているのです。そのうえ、アーモンドの木に使用される農薬は、受粉に必要なミツバチを危険にさらしており、2018～2019年の期間だけでも、アーモンド産業によって殺されたミツバチは500億匹以上にのぼります。その他のナッツ由来の代用乳は干ばつのない地域からでも調達可能です。責任あるブランドを選んで購入するか、自宅でナッツを用いて代用乳の手づくりに挑戦してもいいでしょう。

アーモンド1粒の栽培には
3リットルの水
が必要です。

●**豆乳**の原料である大豆は、一般的にサステナブルでない工業的農業で栽培されます（40ページを参照）。そのため多くの主要ブランドの製品はグリーンではないでしょう。とはいえ、すべての大豆生産にそれが当てはまるわけではないので、やはり購入前の下調べが大切です。

●**コメ**は、栽培に大量の水を要する作物であり、**遺伝子組み換え**＊操作が行われているものもあります（41ページを参照）。さらに水田では、稲の成長に伴ってメタンや亜酸化窒素といった多量の温室効果ガスが発生します。

パーム油を含む製品は必ず避けるべき？

パーム油をめぐる問題は、思いのほか複雑です。
パーム油を使用しないようにするだけでなく、
その代替が及ぼす影響を理解するのも重要です。

　パーム油は、アブラヤシの果実を圧搾して生産される食用油です。菓子類や調理済み食品などのさまざまな加工食品（保存可能期間や食感を向上させます）や、スキンケア商品や化粧品、その他の多様な生活用品など、いたるところで使用されています。それでも、何百種類もの名称で表示されるため、一目見ただけでは分からないこともあるでしょう。

　世界のパーム油のおよそ85%は、マレーシアとインドネシアで生産されます。原料のアブラヤシは手軽な換金作物であるため、極めて大規模な栽培が行われており、結果として天然林のジャングルが破壊され、先住民が移住を余儀なくされ、野生動物は絶滅の危機にさらされているのです。また、アブラヤシは広大な泥炭地でも栽培されますが、その耕作のための排水が土壌を侵食するうえに、大量の二酸化炭素を発生させているのが現状です。

　残念ながら、この問題は別の油に切り替えれば解決できるものでもありません。ヒマワリ油やココナッツ油など、ほかの植物性油の栽培は、パーム油よりも効率が悪く、収穫高も10分の1ほどです。単位面積当たり収穫高の低い作物を用いて現在の需要を満たそうとすれば、さらに多くの土地に悪影響を及ぼしかねません。

　サステナブルに調達されたパーム油を探すとなると、問題はいっそう複雑化します。サステナブルなパーム油とは、世界的な認証制度「持続可能なパーム油のための円卓会議（RSPO：the Roundtable on Sustainable Palm Oil）」による検証を経た農園で生産が行われたものを指します。この認証を取得しているパーム油は、一般的なパーム油に比べ生産過程で使用される農薬が少ないので許容する声も聞かれます。一方で、国際環境団体グリーンピースや、世界自然保護基金（WWF）からは、この認証に厳格さが足りず、いまだ多くの野生生物や土地が被害を受けているとの指摘もあります。そういった意味では、環境に優しくて現実味のある代用品はまだ見つかっていません。

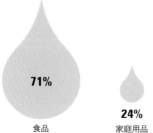

71%
食品

24%
家庭用品

5%
バイオ燃料

◀世界で生産されるパーム油の大部分は、チョコレートやポテトチップスなどの菓子類や、パン類、調理済み食品などの食料品に使用されます。

　難しい状況ですが、より環境に優しい選択もできます。

●パーム油を使用する製品の消費を**減らすように心がけましょう**。便利な加工食品の需要は、この50年間で飛躍的に高まりました。パーム油問題に本気で取り組むには、その需要を減らさなければなりません。短期的には、サステナブルに調達された別の油に切り替えるのも有効でしょう。さらに、加工食品（と一般的なスキンケア商品──80ページを参照）の使用をすべてやめると、よりグリーンなゴールを目指せます。

パーム油は、**スーパーマーケットで販売されている50%近くの商品**に含まれます。

●パーム油の別名を**把握しておきましょ**う。日本では単に「植物油脂」と表記されていたり、加工されたものは「ショートニング」や「マーガリン」、「グリセリン」などと呼ばれます。

●スーパーマーケットで買い物する際に商品をスキャンしてパーム油が含まれているかどうかを確認できるアプリもあるので、それを**ダウンロードしておく**のもいいでしょう。

最もグリーンな食用油とは？

重要なのは、油の種類よりも、どこでどのように生産されたかです。

　大量生産される油はどの種類であっても、使用される化学物質や森林伐採、生物多様性の喪失などによって、その土地に悪影響を及ぼします。加えて、油の原料となる作物にもそれぞれ固有の問題があります。オリーブ油の場合、古木を枯らす病気に対処しなければならず、それが価格を押し上げる原因となっています。一方、アジアのココナッツ農家の多くは、不公正な商慣行により（ココナッツ油の需要が急増しているにもかかわらず）貧困状態にあるのです。

　食用油を選ぶときに考慮したい点は次の通りです。

●できるだけ**オーガニックの油を選びましょう**。

●できるだけ**長距離輸送を経ていない油を購入しましょう**。お住まいの国で収穫の多い作物を原料とした油があるなら、国産品を購入する絶好の機会にもなります〔日本ではこめ油が、植物油の中でほぼ唯一の国産原料（米ぬか）から抽出される植物油です〕。

●**フェアトレード認証ラベルのある商品や、農家や収穫労働者の公正な賃金と処遇を保証する認証のある商品を探しましょう**。

●**プラスチック容器入りの商品を避け**、ガラス容器入りを選びましょう。「ゼロ・ウェイスト」の店で油の詰め替えができるかを調べたり（115ページを参照）、大容量で購入したりするのもいいでしょう。

オーガニック食品を食べるのは本当にグリーンなの？

オーガニック農法と聞くと、文句なしにグリーンだと思ってしまいますが、
土地利用をめぐる問題を批判する声もあり、
激しい議論が繰り広げられています。

オーガニック農法が目指すのは、人為的な介入を加えない自然な食料栽培です。つまり、害虫や雑草の駆除や作物収穫量の改善に、合成化学物質の使用や、作物の遺伝子構造を変える**遺伝子組み換え（GM）** * 操作を用いないようにする農法です（41ページを参照）。ただし、世界のオーガニック基準が統一されていないため、なかには農薬を使用しているオーガニック農家もあり、混乱を招く一因となっています（詳しくは後述）。

土壌の重要性

オーガニックであるか否かの議論におけるポイントは土壌です。化学物質を多用する従来農法は、同じ土地で継続的に単一の作物を栽培（モノカルチャー）して土壌を酷使し、農薬や肥料として化学物質を用いて土壌を劣化させます。土壌劣化はさまざまな負の影響を及ぼします。土壌の養分のバランスや物理的構造が変わると、地中に生息する昆虫やミミズ類、微生物は存続できなくなり、地域の生態系に影響を及ぼし、食物連鎖を崩壊させるのです。また、土壌の表層部が酷使されたり、侵食されたりすると、炭素貯留能力（208〜209ページを参照）や雨水吸収能力が低下するため、地球温暖化や洪水を防ぐバリアとしての効果が弱まります。

一方、オーガニック農法は、土壌の健全性の回復と維持を助けて、生物多様性を改善し、土壌を効果的な炭素吸収源として維持できるようにしてくれます。

改善の余地

オーガニック農法の欠点は、効率の悪さです。オーガニック農法で従来農法と同じ水準の収穫量を達成するには、より広い土地が必要です。増え続ける世界の人口を養っていく場合、将来的にこの点が問題になるでしょう。私たちが現在の食料消費の習慣を変えられないまま、予測されるペースで人口が増加すれば、2050年には食料需要がほぼ倍増すると見込まれます。

世界の土壌は、大気中の
3倍にのぼる炭素を貯留します。

しかし、食料システムの非効率性を解消すれば、現在の地球上の全人口に食料を供給できるという推計もあります。そのひとつの方法として考えられているのが、農作物を層や棚のように重ねて栽培する垂直農法です。この農法であれば都市中心部に大規模な有機農園をつくれるため、輸送による温室効果ガス排出や水使用量を削減できます。そのうえ、従来農法よりもはるかに高い収穫高を実現しながら、エネルギー消

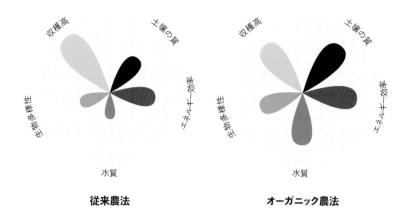

従来農法

オーガニック農法

（図中のラベル）収穫高／土壌の質／エネルギー効率／水質／生物多様性

▲オーガニック農法は一般的に収穫高が少ないものの、土壌、野生動物、河川に関してはより好ましい影響があり、温室効果ガス排出量も減少させます。

費量も最大50%削減可能です。加えて、大規模畜産からの脱却により土地に余裕が生まれ、家畜飼料の代わりに、人間自身の食料となる農作物を栽培できるようになるでしょう（34ページを参照）。

オーガニック農法のもうひとつの課題となりうるのは、一貫性のある規制が欠如している点です。一部の国ではオーガニック栽培作物に特定の農薬の使用が認められており、従来農法と同様に、河川への流出を引き起こしています。

このような懸念を抱えつつも、オーガニック食品やオーガニック農法の分野では急速な成長が見られます。2020年、EUは2030年までに農地の25%をオーガニック栽培にするという目標を掲げ、ほかの国々も賛同しています。

私たちもできる限りオーガニック食品に切り替えれば、昔ながらの環境への影響が少ないサステナブルな技術と、21世紀的なアプローチをバランスよく組み合わせた、極めて独創性の高い農業システムを支援できるでしょう。

オーガニック栽培されたジャガイモを1袋買うだけでは革命的な行動をしているようには感じられないかもしれませんが、そういった小さな行動の積み重ねが、世界をよりグリーンにするために少しずつ前進する人々のコミュニティを支えるきっかけになるのです。オーガニック製品への需要が増えれば、工業的農業に用いられ、汚染され、野生動物を失う土地を減らせるはずです。

国内産の食品だけを購入すべき？

これは難しい問題で、それぞれの生活スタイルによって答えもさまざまです。
一般的には、輸送距離の短い食品を選ぶのがグリーンなアプローチです。

食品の輸入に伴う最も明白な環境問題は、長距離輸送による二酸化炭素の排出です。船、貨物自動車、そしてとりわけ飛行機は、いずれも燃料を大量に消費し、排気ガスを発生させ、汚染を引き起こします。冷蔵輸送となると、エネルギー消費量はそれ以上です。また、空輸された果物は目的国到着後に巨大な倉庫で熟成される例も多く、その場合にも排出量は増大します。そのうえ、複雑なサプライチェーンではプラスチックを過剰に用いる傾向があり、農場から食卓までのステップが多いため、その

すべての段階において労働者が公正な処遇を受けているかどうかを把握しづらくなります。

長所と短所

輸入食品をすべて避けるのが、必ずしも最もグリーンな行動であるとは限りません。国産の食品のほうが輸入ものよりも環境への影響が大きい場合も多々あります。買い物習慣を変えると、かえって排出量を増やしてしまいかねません。あるシンクタンクが行った最近の調査では、欧州からア

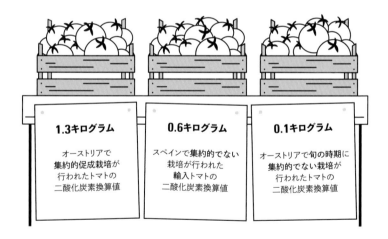

1.3キログラム
オーストリアで
集約的促成栽培が
行われたトマトの
二酸化炭素換算値

0.6キログラム
スペインで集約的でない
栽培が行われた
輸入トマトの
二酸化炭素換算値

0.1キログラム
オーストリアで旬の時期に
集約的でない栽培が
行われたトマトの
二酸化炭素換算値

▲オーストリアの研究による個売りトマト1キログラム当たりの二酸化炭素換算値の比較からは、エネルギー消費量の少ない農法を用いた場合には、外国産よりも国産のほうがグリーンだと言えます。

フリカに大量輸送するよりも、一人ひとりが複数の農産物直売所や独立系の店に運転するほうが、温室効果ガス排出の影響が大きくなりうるという結果も出ています。国産の農作物を数カ月間にわたり低温貯蔵した後に各地に輸送する方法も、大量輸送よりも排出量が多くなります。

国産食品を購入しても二酸化炭素排出量は思うほど減らせないかもしれません。それでも、ほかの問題にも対処できるという利点があります。地元生産者から食品を調達すれば、「農場から食卓へ」あるいは「農場から直売所、そして食卓へ」といった、より短いサプライチェーンを応援できるでしょう。サプライチェーンが短いと、一般的に食品廃棄物やプラスチック使用量を抑えられ、サプライチェーン内の輸送距離も短くなります。加えて、地元経済への投資にもなり、(一般的に、世界的ブランドに比べ、環境への影響が少ない)自営業者を支援できます。

旬の食材を楽しもう

地元産の野菜や果物のなかでも不必要にカーボンフットプリントが大きくないものを確実に選ぶための最善の方法は、旬の食材を食べることです。旬の食材は、英国のクリスマスシーズンのアスパラガスのように、旬以外の時期にエネルギー消費量の多い人工的な条件下で無理に果物や野菜を成長させていないため、地球への影響が少なくて済むという利点があります。収穫されたばかりの食材は、冷蔵貨物自動車やスーパーマーケットの棚にしばらく置かれた食材よりも新鮮な風味が味わえるだけでなく、栄養価も高いはずです。

この問題については、明確でシンプルなアドバイスはできません。食品に関するあなたの選択一つひとつがもたらす環境への影響は、その食品が何であるか、いつ購入するか、そしてどこに住んでいるかに左右されるからです。それでも、長年にわたって培われた常識が、最善の答えを導いてくれることも多いでしょう。

● ヨーグルト、ワイン、はちみつ、アイスクリーム、チョコレート、ジン、ビールなどについては、できるだけ**国産**や地元ブランドの商品を**選びましょう**。

● **地元の野菜や果物の詰め合わせボックス**の配達サービスは、地元の旬の食材を食べたいときには大きな時間の節約になります。最近の調査では、直売所まで自動車を運転するよりも、二酸化炭素排出量を抑えられることも明らかになっています。

● お住まいの地域で**どんな食材**が栽培されていて、旬はいつかを調べ(ネット上で表やリストが見つかるはずです)、それを参考にしながら買い物をしましょう。

● 自宅の庭やレンタルファーム、市民農園で、野菜やハーブ、果物を**自分で栽培**してみましょう。まさに地元の食材を手に入れられる最高の方法であり、収穫した食材を周りの人たちと分け合えます。庭に余裕があれば、鶏の飼育も検討してみるといいでしょう。

購入する食品の生産情報を知るには？

購入する食品が本当にグリーンだと言えるのか、
またお気に入りのブランドが地球の未来のために投資しているかどうかを
知るには、その原産地や栽培方法を調べるのが唯一の手段です。

大量生産の世界では、農場から食卓まで食品がたどり着くまでに数多くのステップが存在します。ところがたいていの場合、私たちは食品がどのような道のりをたどってきたかを知りません。さまざまな食品の農業慣行やカーボンフットプリントに関する情報は広く出回っていますが、矛盾する内容も多く、また日常で購入する特定の商品についての情報を調べるのも容易ではありません。

一方で、幸いにも最新テクノロジーのおかげで、製品の生産情報を追跡しやすくなりつつあります。ブロックチェーン技術（さまざまな産業で使用されている暗号化されたデジタル記録システム）により、サプライチェーンの透明性が高まっているのです（118〜119ページを参照）。最近では、食品が生産された農場や、製品に使用されている動物、生産地や輸送情報まで教えてくれるアプリも利用できます。

英国で行われたある調査によると、**消費者の84%が食品の原産地を**確認していることが分かりました。

一般的には、国産食品を選ぶのが最もグリーンではあるものの、それだけではすべてのニーズを満たせない場合もあります。お住まいの国で生産されていない食品については、生産国で食品生産者を支援してきた実績のあるブランドを探してみるといいでしょう。女性が経営する農業協同組合や、再生可能エネルギーを利用したサステナビリティ認証を取得している工場、極めて革新的で進歩的な食品・飲料ブランドなどは、自らのエシカルな実績を意欲的に発信したり、共有したりしているはずです。

● **リサーチしてみましょう。** あなたがよく行くスーパーマーケットチェーンのウェブサイトに調達ポリシーが明確に説明されている場合もあります。また、お気に入りの代用乳やクッキー、チョコレートなどのブランドも、自社ウェブサイトで商品の原産地を掲載しているかもしれません。

● **はっきりと分からないときは、** 問い合わせてみましょう。スーパーマーケットや地元の店、ブランドに直接メールを送り、お気に入りの商品の生産情報を教えてもらうのです。回答が不明確あるいは不透明な場合は、別の商品を購入したほうがいいでしょう。

食品についているさまざまな認証は
何を示しているの？

できるだけグリーンなものを買おうとすると、ラベルやロゴが
分かりにくく感じるかもしれません。見た目ほどエコではないブランドも
あるので「**グリーンウォッシュ＊**」には注意してください。

食品メーカーにとっては、公式な認証などがなくとも、環境に配慮しているかのように見せかけるのは簡単です。そこで、購入の際に特に注目したいものを次に挙げました。このすべてに世界共通のシンボルがあるわけではないので、ラベルは注意深く読んでください。

●**フリーレンジ**（放し飼い）は、必ずしも想像通りの飼育方法を保証するものではありません。これは単に、家畜が屋外に出られるというだけで、それがどのぐらいの時間であるか、どの程度のスペースが与えられているかの決まりはないのです。この定義についての規制はほとんどなく、国によってばらつきが見られます。

●**オーガニック**（有機）食品は通常、その土地にとってサステナブルな方法で、化学物質や農薬、抗生物質を使用せずに栽培・飼育された食品です。ただし、オーガニック認証基準は国によってばらつきがあるため、基準の具体的な内容は原産国によって異なります。詳細は46〜47ページを参照してください。

●**フェアトレード**とは、製品が公正に栽培・生産され、サプライチェーン内のすべて

の人が人権侵害を受けない労働環境で、貧困水準以上の生活と労働をしていることを意味します。

●**フェアワイルド**とは、ハーブやスパイスなどの野生植物のための国際的認証です。これら原材料のサプライチェーン全体においてサステナブルな活動を推進し、栽培・収穫をする人々の公正な処遇と賃金を保証します。

2020年現在、
世界では**457種類**もの
エコ関連の認証が存在します。

●**B Corp**（Ｂコープ）は、製品ではなく企業に与えられる認証です。これはサステナビリティ認証のなかでも条件を満たすのが最も難しいため、あらゆるセクターで高い信頼を得ています。地球と人々を利益と同等に重視する姿勢が認められ、認証を取得している企業は、小規模な自営業から、巨大グローバル企業まで多岐にわたります。

プラスチック包装された
果物や野菜を買ってもいい？

使い捨てプラスチックを避けようとしても、なかなか難しいものです。
プラスチック包装が食品廃棄物の削減に役立つケースもあり、
総合的に見るとグリーンな場合もあるからです。

　プラスチック汚染に対する意識が高まるにつれ、あらゆるプラスチック包装に対して、反射的にはっきり「ノー」と言うのが当たり前になってきました。プラスチック包装はまったく不要な場合も多く、プラスチックの筒に入ったリンゴや、ラップに包まれたキャベツなどであれば買うのは控えるべきです。ただし、キュウリやピーマンなど一部の品については、保存可能期間が延び、食品廃棄物の減少につながると主張する声も食品産業から多く聞かれます。

　海藻由来の素材や生分解性の包装材など、プラスチックに代わるさまざまな素材が試験的に使われているものの、広く流通しているものはまだありません。それでも消費者がプラスチック包装を避けるほど、スーパーマーケット側はプラスチックに代わる解決策を調査し、投資し、採用しなければならないというプレッシャーをかけることができるでしょう。

● 保存可能期間を考慮しましょう。食べ切る前に悪くなるのを防ぐのであれば、プラスチック包装も有用かもしれません。つまり傷みやすい食品には、プラスチック包装もひとつの選択肢です。店に届くまでに長い道のりを経る商品であれば、なおさらそれが当てはまります。

● 地元の八百屋や、農産物直売所、「ゼロ・ウェイスト」の店をサポートしましょう。これらの店の多くは、プラスチック包装なしで野菜や果物を販売しています。

● 自分で栽培してみるのはいかがですか？スーパーマーケットではプラスチックに入ったバジルやローズマリーといったハーブも、窓際や庭で簡単に育てられます。

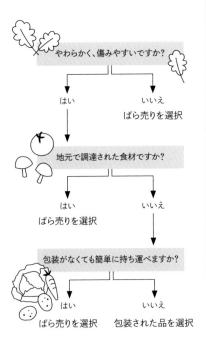

やわらかく、傷みやすいですか？

はい　　　　　いいえ
　　　　　　　ばら売りを選択

地元で調達された食材ですか？

はい　　　　　いいえ
ばら売りを選択

包装がなくても簡単に持ち運べますか？

はい　　　　　いいえ
ばら売りを選択　包装された品を選択

▲同じ食材で包装されたものとばら売りのどちらかを選択せざるをえないときは、このフローチャートを役立てましょう。

地球に影響を及ぼさない方法で
食品の鮮度を保つには？

使い捨てプラスチックを使う習慣をなくすのは
大変そうに思えるかもしれませんが、昔ながらの台所の知恵を
いくつか取り入れるだけで大きな違いが生まれます。

食品用ラップといえば、手軽に食品の鮮度を保てる人気のアイテムである一方、数々の環境問題の一因でもあります。伸縮性のあるプラスチックは、リサイクル施設の機械を詰まらせてしまうおそれがあるため、リサイクルは実質的に不可能です。つまり使用済みのラップはほぼすべて埋め立て処分場か焼却炉、あるいは海に行き着く結果になります。また、細かく砕けてマイクロプラスチックになると、毒性のある化学物質を放出してさらなる汚染を引き起こし、とりわけ海洋生物などの野生生物の体内に蓄積し、危険を及ぼします（96ページを参照）。

幸い、ラップに手を出さずとも、食品を保護し、無駄を省ける方法は豊富にあります。

● 蜜蝋（ビーズワックス）ラップやソイ（大豆）ワックスのラップは、食品の鮮度を保つのに理想的です。お弁当用のサンドイッチを包んだり、残り物にかけて冷蔵庫にしまったりと重宝します。これは布地にワックスを塗って、ワックスが手の温度に反応して柔らかくなったり、くっついたりする性質を利用したものです。さまざまなサイズで手に入るほか、水と洗剤で洗って繰り返し使えます。余り布と市販の固形ワックスがあれば、手づくりもできます。また、オーブンに入れたり、アイロンをかけたりして、ワックスを「リセット」すれば、新品同様に戻ります。

● アルミホイルも、ラップの代用品になりますが、リサイクル可能かどうかは地域によって異なります。お住まいの地域でリサイクルできない場合には、使用を控えましょう。

英国における**ラップ**の
年間使用量は、**地球を30回
巻ける長さ**に相当します。

● サンドイッチ用のビニール袋やプラスチック製の食品用容器も新たに**購入しない**ようにしましょう。食品の保存には、果物や野菜、パンが入っていた使用済みビニール袋、あるいはアイスクリームの容器を再使用して、新しいプラスチックの需要を増やさないようにしたいところです。

「私たちの食習慣は、
　生物多様性を損ないます。
　消費される食品の75％は、
　たった12種類の植物種と
　5種類の動物種に
　由来しています」

カーボンフットプリントに
見合わない食品とは？

私たちの食卓に並ぶ食品の多くは、より環境に優しい方法でも
生産できますが、先進国の大量の需要に応えようとすると、
サステナブルな生産ができない食品もあるのです。

　私たちは変化に富んだ食生活を望んだり、栄養価の高いスーパーフードに惹かれたりするものですが、それには代償が伴うケースも少なくありません。単一の食材の需要が突如として高まると、その食材のカーボンフットプリントは正当化できないほど大きくなってしまうおそれもあります。このような問題の要因となっている食品をいくつかご紹介します。

● **アボカド**は、この問題を引き起こしている食品の代表格です。健康に関する研究やインスタグラムを火付け役に人気が高まったため、メキシコの農家はその需要に応えようと、天然林を伐採してアボカド農園を拡大させています。さらに、アボカドを収穫し、鮮度を保ち、世界各地に輸送するのに要する資源とエネルギーを加味すると、二酸化炭素排出量は甚大になります。ほかにも、チリの一部をはじめとする多くの地域では、大企業に支援を受けている大規模プランテーションが村民や小規模農場に水の利用を認めないといった倫理上の問題も見られます。

● **チアシード**、**キヌア**、ココナッツはいずれも同様の影響をもたらしており、ペルーでは、流行したキヌアの生産量を増やす

ために森林伐採や農薬使用量の増加などの問題が起きています。

● LED照明の下で栽培され、長距離輸送される**袋入りのカット野菜**も同様に、大量の二酸化炭素排出につながります。それに、食べきれずに捨ててしまうのがほとんどではないでしょうか？

● 主にアジアで養殖される**キングエビ**の生産や収穫は、土壌侵食の防止や海面上昇からの地域の保護に不可欠な天然のマングローブ沼に被害をもたらしています。

- - - - - - - - - - - - - - - -

アボカド1個の栽培には、
最大320リットル
の水が必要です。

- - - - - - - - - - - - - - - -

　流行の食品に飛びついて環境破壊に加担してしまわないように、その食材がどこで、どのように生産されているかを調べ、フェアトレードやエシカルな調達によるサプライチェーンの下で運営しているブランドから購入するようにしましょう。

加工食品がもたらす環境への影響とは？

西洋型の食習慣は加工食品や菓子類の比重が大きく、
健康のみならず、地球にも負担をかけます。

　加工食品が環境にもたらす最も大きな問題は、小麦やトウモロコシなど、加工食品に広く用いられる原料の大量生産です。これらの農作物は工業的な単作が行われており、生物多様性を損なうだけでなく、農薬汚染の大きな要因にもなっています。小規模なオーガニック農法によるサステナブルな農業は、自然の力を活かして土壌を健全に保ちますが、工業的農業は逆に、短期的な利益を得るために環境を犠牲にし、土壌や家畜を限界まで酷使するのです。

英国の**一般成人**は、
1日の消費カロリーの56%
を超加工食品から摂取します。

　土壌の健全性と聞いてもピンとこないかもしれませんが、これは生物が生息可能な世界を保つうえで不可欠なものです。多くの地域において、土壌は酷使されたり、化学物質の浸透により劣化したりしており、質の低下が見られます。大規模農業は、健全な土壌に不可欠な無脊椎動物や微生物から天然林や野生生物の生態系にいたるまで、あらゆるものを破壊してきました。また畑からの化学物質が流入した海洋には、

酸素の欠如により何も生息できなくなった「デッドゾーン」が出現しています。

　もうひとつの重大な問題は、加工食品の場合、サプライチェーンが長くなる傾向がある点です。その結果、食品廃棄物やプラスチックの過剰使用が発生し、業界全体の問題となっています。国連の調査によると、農家や製造業者、消費者向け販売事業者から発生する食品廃棄物は全体の58%にのぼります（サプライチェーンの詳細と、この問題解決にサプライチェーンが鍵を握る理由については、118〜119ページを参照）。

　ポテトチップスを1袋買うのにもいろいろ考えると気が滅入ってしまいそうですが、あなたの食習慣はもっとグリーンになるはずです。

- ●不健康なスナックや、糖分の多いシリアル、調理済み食品などの"**超加工**"食品**を避けましょう**。
- ●なるべく「**生**」で、「**丸ごと**」のオーガニック食品を購入しましょう。
- ●いちから手づくりする**料理を楽しみましょう**。手間はかかっても、それだけの満足感が得られます。それに食品ロスの削減（手づくりケーキを無駄にする人なんていないはず）や、プラスチック包装の削減にも貢献でき、加工食品業者にお金を投じずに済むでしょう。

最もグリーンな砂糖とは？

甘党が環境に及ぼす影響も気になりますか？
砂糖はどれもそれほどグリーンではありませんが、
比較的環境に優しい種類もあります。

食品に含まれるたいていの砂糖は、トウモロコシ、サトウキビ、テンサイのいずれかを原料としたものです。そのうち、トウモロコシを原料とする異性化糖（HFCS）は、炭酸飲料やインスタント食品に多く使用されます。またコーンシュガー、ブドウ糖、マルトデキストリンも、一般的なトウモロコシ由来の糖分です。

トウモロコシは、米国の農地全体の3分の1（3,600万ヘクタール）を占めるなど、大規模な単作により生産される作物です。これほど大規模な工業的農業に必要となる農薬の多くは、土壌を劣化させ、水を汚染し、生態系を破壊します。トウモロコシ生産には、サトウキビやテンサイよりも多くの化石燃料が用いられ、より多くの温室効果ガスを発生させます。さらに、異性化糖を製造する巨大企業が透明性や倫理性を持ち合わせているケースはほとんどありません。

サトウキビやテンサイの場合、トウモロコシに比べ、総合的な環境への影響は少なくて済みますが、それでも比較的集約的な栽培が行われる傾向にあります。栽培面のほかに、エネルギーや水を大量消費する精製工程も問題です。それでも現実的に考えると、世界の需要を満たすのに十分な砂糖の生産を実現できるのは、サステナブルでない方法だけです。この問題をコントロールするには、私たち自身が砂糖の消費量を減らす必要があるでしょう。

● 白砂糖を**購入する場合**、フェアトレードやオーガニックのものを選び、環境への影響を軽減しましょう。

● **高度に加工された**食品や炭酸飲料を避け、少量生産による国産か自家製のものに切り替えましょう。そのほうが、あなたにとっても、地球にとっても好ましいはずです。

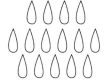

サトウキビ由来の砂糖1キログラム当たりのウォータ　フットプリント〔栽培や生産から廃棄までの過程において直接的・間接的に消費されたり、汚染されたりした水の量を定量化した指標〕は、
1,500リットルです。

テンサイ由来の砂糖1キログラム当たりのウォーターフットプリントは、
935リットルです。

いちばん環境に優しい
コーヒーの淹れ方とは？

フレンチプレスからフィルターを使ったスロードリップまで、
コーヒーの淹れ方はかつてないほど多様化しています。
とはいえ、どの方法でもカーボンフットプリントが同じなわけではありません。

　コーヒーを淹れる際に考慮すべき環境への影響は、主に豆の栽培に起因するものです。世界的なコーヒー需要の増加を受けて、背の高い樹木の木陰で栽培する従来の方法は大きく廃れ、日光の下での大規模なプランテーションが好まれる傾向が見られます。けれども、この農法は森林伐採を助長し、化学肥料の広範な使用を必要とするものです。この問題に対する認識の高まりにより、消費者のエシカルな選択として、日陰栽培コーヒーへの支持が増えつつあります。

　自宅で最もグリーンにコーヒーを淹れるには、エネルギー消費量とコーヒー豆の使用量を考慮する必要があります。顆粒のインスタントコーヒーとフレンチプレスは、そのどちらの基準についてもかなり高く評価できます。顆粒のインスタントコーヒーは1杯当たりのコーヒー豆使用量が比較的少量です。また、フレンチプレスには使い捨てのパーツがなく、挽いた豆と水を使うだけでいいので、環境面では高得点です。ポッド式［カプセル式］コーヒーメーカーは、1杯当たりのコーヒー豆の使用量が少量で済み、エネルギー消費量も少なめである点で優れている一方で、人気の高まりに伴い（米国では40％近くの家庭がポッド式コー

ヒーメーカーを所有）プラスチックごみを大量に発生させることが問題化しています。

　一方、効率の悪いものもあります。エスプレッソメーカーの場合、直火式でも電気式でもプラスチックごみを出さないものの、コーヒー豆の使用量が多めで、ほんの少量の1杯を淹れるだけでも多くのエネルギーを消費します。フィルターを用いたドリップ式コーヒーメーカーの場合、電源を長時間入れたままにすることが多く、エネルギーを大量に使用するうえに、たいていは使い捨てフィルターが必要です。

　最も環境に優しい方法でコーヒーを淹れたいなら、以下を実践してみましょう。

●**よりシンプルで、ハイテクに頼らない方**

☑ エシカルなコーヒー豆を購入する

☑ 必要な分だけ淹れる

☑ コーヒー豆のかすは再利用する

法を用いましょう。例として、電気式よりもフレンチプレスを選んだほうが、製造、使用、修理、廃棄のいずれについても消費エネルギーを抑えられます。

●ポッド式マシンを**使用している場合**は、リサイクル可能なアルミ製ポッドや生分解性のカプセルを探し、適切に処分してください。

プラスチック製コーヒーポッドは、毎分**3万9,000個**製造されます。

●ドリップ式マシンを**お持ちの場合**は、繰り返し使用できるフィルターや堆肥化可能なフィルターを使いましょう。

●フェアトレードや国際的非営利団体レインフォレスト・アライアンスなどの認証を取得していて、オーガニックや日陰栽培で育った**コーヒーを選ぶ**と理想的です。

●コーヒー豆のかすはコンポストボックスに入れるか、そのまま土壌に撒いて、堆肥やナメクジ除けとして使用すれば、ごみを減らせます。

ティーバッグについている
プラスチックを回避するには？

実は、くつろぎの紅茶1杯もプラスチック問題の一因となります。

多くのティーバッグは、接着部分にポリプロピレンと呼ばれる柔軟性のあるプラスチックを用いています。そのため、紅茶を淹れるたびに、何十億個ものプラスチック粒子が飲み物に滲み出し、やがて私たちの体内に入るのです。また、プラスチックが含まれている以上、使用済みティーバッグは完全に分解されないので、土壌や生ごみの汚染につながります。

現在、植物性素材だけを用いたティーバッグを製造している紅茶ブランドもあるものの、それでも環境面での問題が完全に解消できるわけではありません（コーンスターチが使用されているものなど。トウモロコシに関する環境問題は57ページを参照）。なかには、誇らしげに「生分解性

ティーバッグ」に切り替えている企業も多くありますが、それらを実際に分解できるのは、家庭用ではなく、高温の業務用生ごみ処理機（それほど多くありません）だけです。

●**最善の解決策**は、ティーバッグ入りでない茶葉に切り替え、エシカルな取引が行われたオーガニックの紅茶を選ぶことです。さらに「ゼロ・ウェイスト」の店で購入できれば理想的でしょう。紅茶を淹れる際には、ティーポットか、繰り返し使えるフィルターを用いてください。

●**ティーバッグを使うなら**、プラスチック不使用で、オーガニックかつサステナブルな方法で生産された原料を採用しているブランドを選びましょう。

マイカップは、使い捨てコーヒーカップに比べて本当にグリーンなの?

外出先でコーヒーをテイクアウトするのは便利ですが、
ごみが発生し、二酸化炭素排出量も増加します。
コーヒーの習慣を少し変えるだけで、環境負荷も軽減できます。

使い捨てのコーヒーカップは、便利さ重視の生活スタイルを象徴するものです。ドイツでは年間28億個の使い捨てカップが消費されます。使い捨てカップの大半は、材料にプラスチックでコーティングされた紙を用いています。「堆肥化可能」あるいは「リサイクル可能」なカップを提供している企業もありますが、そのために必要なインフラがまだ整備されていないのが現状です。結局のところ、使い捨てカップの大部分は、分解に必要な空気や水分、バクテリアが足りない埋め立て処分場に行き着きます。

繰り返し使えるマイカップを購入すれば、正しい方向に一歩踏み出せますが、この解決策がどれだけグリーンであるかは、マイカップをどれだけ使用できるかによって決まります。カップを製造するための原料とエネルギーを考慮すると、たとえ環境負荷の最も少ない材料のひとつであるポリプロピレン製だとしても、20回以上使用して初めて、使い捨てカップよりもグリーンだと言えるようになります。このような"相殺"が成立するのにさらに時間を要するものもあります。ポリカーボネート製のカップの場合は、およそ65回使用しないと使い捨てカップに勝てません。

次の点を心がけて、毎日のコーヒーが及ぼす環境への影響を軽減しましょう。

●移動中の**コーヒーを控えて**、カフェで飲む時間を作って、陶器のカップでコーヒーを楽しみましょう。

●移動中にコーヒーを**飲みたいなら**、自宅で淹れたコーヒーをマイカップや水筒に入れて、朝の通勤中に飲みましょう。

●コーヒーをテイクアウトする習慣をまだ**諦めきれないなら**、常にマイカップを持ち歩きましょう。製造と廃棄による環境負荷を相殺するのに十分な回数使えるなら、プラスチック不使用のマイカップを選ぶのもおすすめです。

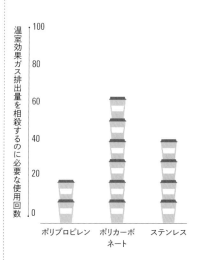

温室効果ガス排出量を相殺するのに必要な使用回数

100
80
60
40
20
0

ポリプロピレン　ポリカーボネート　ステンレス

▲各種マイカップの製造から廃棄までの二酸化炭素排出量が、使い捨てカップを同じ回数使用した場合よりも下回るようにするには、使用回数を多くする必要があります。

できるだけグリーンに
清涼飲料を楽しむには？

清涼飲料産業が、膨大なプラスチック廃棄物を発生させ、
地球に負担をかけているのはまぎれもない事実です。
それでも、環境に配慮しながら喉の渇きをうるおす方法はあります。

世界の清涼飲料産業は、膨大なプラスチック汚染を引き起こしています。なかでも、海洋に流出する使い捨てプラスチックボトルは推定で年間340億本にのぼります。また、プラスチック汚染に最も加担しているとされる上位3企業は、いずれも清涼飲料の製造企業です。ペットボトル入りの清涼飲料や飲料水の製造企業の多くは、再生資源を原料としたリサイクル可能なボトルを使用していると謳っています。それ自体は、最初のプラスチック生産に用いられる石油量を減少させますが、リサイクル工程でのエネルギー使用がやはり多大な温室効果ガス排出につながる点では変わりません。

清涼飲料に関するもうひとつの問題は、その原料です。大量生産される飲料の甘味料として添加される異性化糖（HFCS——57ページを参照）は、サステナブルでない方法を用いて生産されます。同様に、多くの清涼飲料に含まれるバニラやステビアなどの原料も、先住民コミュニティの同意を得ずに行われる土地収奪など、エシカルでない慣行と結びついている例が少なくありません。

さらに、水使用量の問題もあります。わずか0.5リットルの炭酸飲料の製造に使用される水は最大170リットルにものぼります。世界には清潔な水を利用できない人々が7億8,500万人もいるとされるにもかかわらずです。

清涼飲料については、消費量を減らすのが環境に優しいアプローチです。

● プラスチックボトル入り飲料の**購入を控えましょう**。外出の際には、代わりに水筒を持参しましょう。

● **炭酸飲料が好きな人**は、家庭用ソーダメーカーに投資して、自分で炭酸飲料をつくってみてもいいでしょう。ガスシリンダーはリサイクル可能で、飲料用ボトルも繰り返し使えます。スウェーデンではこの方法に切り替えている人が20％にのぼります。

- - - - - - - - - - - - - - - - - - - -

家庭用ソーダメーカー1台で
年間550本分の
使い捨てプラスチックボトル
を削減できます。

- - - - - - - - - - - - - - - - - - - -

● 清涼飲料を**購入するなら**、天然原料を用い、添加物や甘味料の使用が少なく、かつリサイクル可能なアルミ缶やガラスびん入りで販売されているものを選びましょう。

ワインも地球に悪影響をもたらすの？

過去100年間でワイン生産では革新が見られた一方で、
それが環境面での後退を招いてきました。環境に配慮した
生産方法へのシフトには、グラスを掲げて称賛したいものです。

広大な敷地で生産される大衆向けワイン
と、小規模なブドウ園で職人や協同組合が
極力手を加えない手法で将来のために土壌
を育みながらつくるワインには、大きな差
があります。工業的な大型ワイン農園の多
くは大量の農薬を使用しているため、土壌
の健全性を損ない、河川に化学物質を流出
させます。さらに、広大な土地での単一栽
培による生態学的影響も相まって、その地
域の生物多様性にも打撃を与えるのです。

変化の種

大規模農園における農薬の大量使用によ
る土壌の劣化を受けて、多くのワイン生産
国は、よりグリーンな農業慣行の導入を余
儀なくされました。ニュージーランドでは

ワイン農園は**フランス国土の
3%**にすぎませんが、
**フランス全体の農薬使用の
20%**を占めて
います。

ほぼすべてのワイン生産者がサステナブル
である認定を受けており、またチリでも
75%のワイン農園が同様の認定を取得済み
です。2019年には、米カリフォルニア州ソ
ノマ郡のワイン農園の99%がサステナブル
認定を取得し、ほぼ全域がその認定を受け
た初のワイン生産地となりました。

各国には独自の認証が存在しますが、い
ずれもワイン生産において核となっている
のは、農薬やその他の人為的な介入を控え、
自然なパーマカルチャー的解決策（158ペー
ジを参照）を推進するという理念です。そ
れでは、より環境に優しいアプローチでワ
インを購入するには、どのような点に注意
すればよいのでしょうか？

● ラベルに「low-intervention（人為的介入
を抑えた）」や「Biodynamic（バイオダ
イナミック）」、「natural（自然）」、「organic
（オーガニック）」といった**記載のあるワ
インを選びましょう**（ただし、「オーガニッ
ク」と表示するためには、非常に厳格な
基準を満たさなければならないため、こ
の表示があるワインはごくわずかです）。

● お気に入りのワインについては**ラベルだ
けでなく、ブドウの産地も調べましょう**。
近くにワイン農園があるなら、地元で購
入すれば空輸距離の影響を軽減できます。

● 箱入りや樽入りワイン**も見過ごせませ
ん**。いずれもガラスびん入りのワインに
比べ、輸送による排出量が抑えられます。
さらに、箱入りワインは開けた後も
ガラスびん入りより長持ちします。

● **ヴィーガンの人は**、大部分のワインに動
物由来の物質が含まれているので注意し
てください。精製過程で使用される動物
由来の亜硫酸塩が含まれていないかをラ
ベルで確認するか、「無ろ過」のワインを
選びましょう。

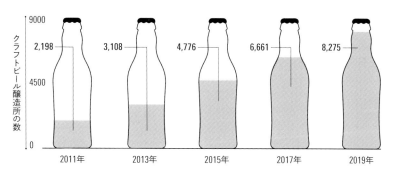

▼米国では最近10年間でクラフトビール醸造所が急増中です。

クラフトビール醸造所の数

9000 — 4500 — 0

2,198　3,108　4,776　6,661　8,275

2011年　2013年　2015年　2017年　2019年

環境に優しいビールや蒸留酒とは？

サステナブルにビールや蒸留酒を楽しみたいなら、
各ブランドの製造方法や精神に目を向けましょう。

　ビールや蒸留酒の製造工程にはエネルギーや水を大量に消費します。ビールの醸造工程では、照明や空気の圧縮、加熱、冷却、冷蔵にエネルギーが必要です。加えて、グラス1杯分のビールを製造するのに5〜6倍の水を使用し、醸造かすは固形廃棄物となるうえ、びん入りビールは重量があるので輸送も容易ではありません。

　蒸留酒に用いられる複雑な蒸留手法もやはり多くのエネルギーを消費し、最終的に大量の水とパルプ（アルコールを生成した後の原料の残存物）の廃棄物を発生させます。また、原料も問題となりえます。ラムの原料は、環境に悪影響を及ぼすサトウキビ（57ページを参照）です。

　幸い、何千にものぼる草分け的ブランドが、エシカルな業務を追求しています。

●近場で原料を調達し、革新的な技術によってグリーンを目指す**地元醸造**のクラフトビールを探してみましょう。水の節約や再生可能エネルギーへの投資をしたり、未使用ホップの代わりに余ったパンを用いて固形廃棄物を削減したりするなどの工夫が見られます。利益を慈善団体に寄付したり、地域社会を支援するプロジェクトに投資したりしている醸造所もあります。

●廃棄物を削減したり、サステナブルな方法で栽培された原料を使用したりしている、責任ある企業が製造した**蒸留酒を選びましょう**。例を挙げると、原料となるアガベのすべての部分を使用し、発生した廃棄物は堆肥化している少数生産のテキーラ製造企業や、地元の在来植物を用いているジン蒸留所などがあります。

環境に優しいバーベキューの方法とは？

誰もが好きなバーベキューを楽しむには、代償が伴います。
着火に何を用いるか、どんなものを料理するかによって、
環境に優しい食事のひとときになるかどうかが決まります。

バーベキューは、ガス式でも炭火式でも二酸化炭素を発生させますが、汚染に関していえば炭火のほうがより大きな影響を及ぼします。炭火式はガス式の2倍の量の有害粒子を空気中に放出し、人間の呼吸器の健康と環境を損なうのです。そのうえ、多くの人々が使用している大量生産されたチャコールブリケット（成形木炭）は、サステナブルでない方法で伐採された熱帯木材を原料とし、さらに着火しやすくするために化学物質でコーティングされています。最も有害なのは使い捨ての炭火バーベキューコンロで、エネルギー効率が悪いだけでなく、使い捨てプラスチックで包装されており、リサイクルもできません。

ガス式は、炭火式に比べれば大気の質にもたらす影響が少ないとはいえ、やはり再生可能エネルギーではない化石燃料であるため、最もグリーンな選択肢だとは言えません。再生可能エネルギー（134ページを参照）の使用が条件にはなりますが、電気式バーベキューコンロのほうが好ましいでしょう。

英国では年間100万個以上の**使い捨てバーベキューコンロ**が使用されます。

屋外でのバーベキューを計画するときは、以下の点に留意しましょう。

● ガス式でも炭火式でも、バーベキューの際にはふたを使いましょう。それにより温度をコントロールできるため、燃料の使用量を抑えられます。

● チャコールブリケットを購入するなら、サステナブルな方法で管理された在来種の森林から調達した原料を用いているものを使ってみましょう。価格は多少高めですが、大量生産されたものに比べて概して燃焼時間が長い構造であるため、必要量を抑えられます。

● 焚き付け（着火剤）には、一般的な石油系のものではなく、木くずなどの**天然由来の材料**を用いたものを選びましょう。

● 焚き火台を使用する場合は、コーヒーかすや再生おがくずといった原料を用いた薪を燃やせば、木材に比べ煙が少なくて済みます。

● バーベキューの食材を選ぶときには、肉や魚の量を減らし、ベジタリアン食やヴィーガン食の食材も選ぶようにしましょう。きのこ類やピーマン、ナスなどを用いた野菜のグリルはまさに絶品。サラダはパック入りの出来合いのものを買わずに手づくりし、使い捨てのプレートやカップの代わりに陶器製の皿やガラスのコップを使いましょう。

グリーンなピクニックをするには？

プラスチックに包まれた小分けのスナック類や飲み物を持ち寄る
ピクニックでは、ごみが出てしまうもの。
でも事前にちょっとした計画を立てておくだけで、地球には大助かりです。

　たいていのピクニックはその場の思いつきから始まるので、環境への配慮がおろそかになってしまいがちです。多めに買いたくなったり、サステナブルか否かよりも手軽さを求めてしまったり、結局はパック入りのイチゴのようなプラスチック容器入りの食べ物や、アルミのトレイに載ったキッシュ、小ぶりの容器に入ったディップやスプレッドに加え、使い捨てのコップやプラスチックのカトラリーまでが並ぶことになります。自宅で用意した食べ物であっても、

たいていは埋め立て処分される運命にあるラップや、リサイクルできずに終わってしまうアルミホイルに包まれています。

　加えて、食品廃棄物の問題もあります。暖かな環境下に置かれていた生鮮食品は、残ってしまうと持ち帰って後で食べられるよりも、ごみ箱に捨てられる可能性のほうがはるかに高いものです。

● **できるだけグリーンなピクニックにするためには**、事前に計画を立てましょう。サンドイッチやサラダ、ケーキなどの食べ物は自宅で準備し、再使用できる容器や袋、ラップなどを購入しておくと便利です。食べ物を包んで鮮度を保つには、通常のラップの代わりに蜜蝋やソイワックスのラップ（53ページを参照）を使ってみてください。

● **時間がなくて手づくりできず**、出来合いのものを買う場合は、惣菜売り場に容器を持参しましょう。最近ではスーパーマーケットの多くが喜んで応じてくれます。繰り返し使えるカトラリーと洗濯可能なナプキン（31ページを参照）も持参しましょう。

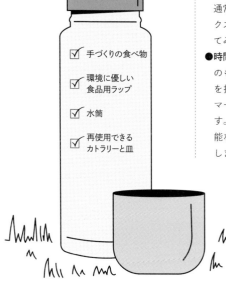

☑ 手づくりの食べ物

☑ 環境に優しい
　食品用ラップ

☑ 水筒

☑ 再使用できる
　カトラリーと皿

◀ピクニックの機会が多いなら、ごみを出さないための必需品を購入しておきましょう。

エシカルに外食を楽しむには？

外食だからといって、グリーンな精神を諦める必要はありません。
慎重にレストランを選べば、
自宅と同じように環境に配慮しながら楽しめるでしょう。

外食産業は世界的な食品廃棄物問題の大きな要因のひとつです。英国では同産業から年間20万トン近くの食品ロスが発生しており、皿に食べ残された分だけでも、その3分の1を占めます［日本での外食産業による食品ロスは年間約130万トン］。

また、レストランは都市部の大気の質にも悪影響をもたらします。飲食店が多い地域の周辺では、調理過程で発生する粒子状物質による汚染の濃度が高いことが分かっています。英国ロンドンでは、この種の大気汚染のおよそ13％が商業用の調理によるものだとされます。

よりグリーンなチョイスとは

調理過程までは自分でコントロールできないかもしれませんが、レストランが廃棄物に関してどのような方針を取っているかや、地元の供給業者を活用して、サプライチェーンを短縮し、空輸距離を排除する努力をしているかなどを調べるのは可能です。廃棄物について言えば、チェーン系レストランが常に悪者で、独立系レストランには欠点がないというわけではありません。英国では、余った食品をすべて慈善団体に寄付することで知られる老舗の大手チェーンもあります。

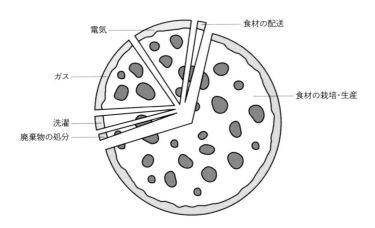

電気
食材の配送
ガス
食材の栽培・生産
洗濯
廃棄物の処分

▲ニューヨークの典型的なレストランのカーボンフットプリントの内訳を見ると、食材が群を抜いて最大の要因となっています。

外食の際には、サステナビリティを追求するレストランをしっかりと見極め、消費者購買力を活かして応援すれば、あまり環境に配慮していない飲食店も、現在の環境問題を無視し続けるのが難しくなっていくはずです。注文する料理をよく考えて選べば、お気に入りのレストランが使用する食材に影響をもたらせるでしょう。食材はレストランのカーボンフットプリントの最も大きな部分を占めているので、よりグリーンな食材が用いられるようになれば、カーボンフットプリントを効果的に削減できます。外食の際には次の点に留意しましょう。

●**地域性と季節性を考慮に入れましょう。**メニューを見るときには、空輸距離や農場からテーブルまでのトレーサビリティを意識してください。旬のもの、そしてできれば、地元産のものを選びたいところです。取り扱う食材の生産情報に透明性があり、カーボンフットプリントの少ない食材の使用に力を入れているレストランを積極的に利用しましょう。

●**工業的に生産された肉は避けましょう。**畜産業の温室効果ガス排出量は全体の約15％を占めます。外食時に肉を食べるのを諦めたくないなら、牧草飼育された地元産のオーガニック肉を使用しているレストランを選びましょう。また、使用している肉の生産情報が明示されていない場合は、問題意識を高めるためにスタッフにたずねてみるのもいいでしょう。

●**絶滅の危機に瀕している魚は注文すべき**ではありません。お住まいの地域において現時点でサステナブルに調達できる種類を把握しておきましょう（39ページを参照）。

ある調査では、**回答者の66%**が、**サステナブルな外食のためなら**より高い出費もいとわないと答えています。

●**無駄を意識しましょう。**食べ放題のビュッフェは避け、食べられると思う分だけを注文しましょう。料理を取り分けて食べる場合は、最初から注文しすぎないように、少なめの量を注文しておき、必要ならあとで追加するようにしてください。肉なら「頭から尻尾まで」、植物であれば「根っこから実まで」、食材をできる限り使い切ることに誇りをもっているレストランを探しましょう。そして、残りを持ち帰り用の容器（あるいは持参した容器）に入れてもらうように頼むのを恥ずかしがらないように。持ち帰れば、あなたが対価を支払った食事を無駄にせずに済みます。

●**レストランの従業員を支援しましょう。**チップが会社や経営者の懐に入ってしまわず、ウェイターやシェフ、皿洗いの従業員に渡ることを確認してください。

ファストフードを食べるのは控えるべき？

私たちの多くは、ファストフードの味と手軽さに愛着がありますが、
安価なハンバーガーやフライドチキンは深刻な環境問題を体現しています。
今こそ、スローダウンするべきです。

　5,700億ドル規模のファストフード産業は、工業的規模の農業への依存によって、手軽にさっと食べられる食事を求める人たちを魅了する価格を維持してきました。世界のファストフード市場は、まさに圧倒されるほどの規模です。あるハンバーガーチェーンは1秒当たり75個のハンバーガーを販売し、また別のファストフードのブランドは年間10億羽の鶏をさばきます。これだけの食材の需要を満たすための大規模な工場式の農場や畜産場は、膨大な量の温室効果ガスを発生させるだけでなく、周辺の森林伐採や水や土壌の汚染を助長します。そのうえ、ミルクシェイクやチキンナゲットの原料に要する家畜を飼育するには、広大な土地と大量の水も必要です（工業的生産が地球に有害である理由については34ページを参照）。

ファストフードのパッケージは、ポイ捨てされたごみのおよそ40%を占めます。

　さらに、リサイクルできない発泡スチロール製の容器や油のしみついたピザの箱、際限なく使われるビニール袋、使い捨てのカトラリー、小分けされたソース、プラスチック製カップなども問題です。これらのアイテムはどれも、製造や輸送においてエネルギーや資源を消費するにもかかわらず、あっという間に廃棄され、やがて焼却処分か埋め立て処分されてしまいます。宅配ピザの段ボール箱の使用量は、米国だけでも年間20億枚分にのぼります。

　多数のファストフードチェーンが、水やエネルギーの使用量の削減や、乳製品や食肉の生産による地球への影響の軽減を目標に掲げているものの、その道のりはまだまだ長いと言えるでしょう。ここで、よりグリーンであるために、私たちにできる工夫をご紹介します。

● できるだけ**ファストフードを控えましょう**。地球のために食習慣に有意義な変化をもたらしたくても、ヴィーガン食やベジタリアン食を取り入れる覚悟がまだできていないという人には、最初の一歩としてテイクアウトとファストフードを諦めるのがおすすめです。

● 手軽に素早く食べられるものが**必要なら**、ヴィーガンやベジタリアン向けの食事を選ぶように心がけるといいでしょう。リサイクル可能な最小限のパッケージに入っていれば理想的です。

● 使用している食材の産地をはっきり示している**地元の独立系レストランを選び**、グローバルチェーンの利用は控えましょう。

● ビニール袋や使い捨てのカトラリーは**断り**、テイクアウト用のプラスチック容器は（料理の残り物も）再利用しましょう。

結婚式で提供される**食事の**
10%は廃棄されます。

グリーンな方法で
大人数に食事を提供するには？

どのような場面であれ、環境に配慮しながら大人数のグループに
食事を提供するのは大変そうですが、無理ではありません。

パーティや結婚式といった特別なイベントでは、食べ残しや、使い捨ての皿やナプキン、プラスチック製カトラリーなどにより、大量のごみが発生しがちです。

それでも、これらの問題は回避できないものではありません。言ってみれば、大勢に食事を提供するのは、手間をかけずに環境への配慮を実践できる絶好のチャンスです。食材を大量購入してまとめて料理すれば、少人数向けに準備するのに比べてパッケージも少なく、より効率的にひとつの鍋で料理でき、洗い物も少なくて済みます。どれもカーボンフットプリントの削減に効果的です。

環境への影響を軽減しつつ、ごちそうを楽しむために、さまざまな工夫ができるはずです。

●**念入りに計画を立て**、必要以上の食事を用意しなくて済むようにしましょう。

●**菜食中心のメニューにして**、肉やチーズが必要な場合は、追加メニューとして提供しましょう。カレーや、トレイベイク［大きな天板に生地を流し込んで焼き上げるお菓子］、ダール［豆を煮込んだ南アジア料理］などはヴィーガン食でもあり、どこにでもある食材を用いて大勢に提供できます。

●**繰り返し使える食器**やカトラリーを使い、必要であれば誰かから借りたり、レンタルを利用しましょう。もし使い捨てでなければならない場合は、ボール紙の皿とサステナブルに調達された竹製のカトラリーを用い、必ずリサイクルしましょう。

●**ゲストには**、食べ物を入れられる容器を持参してもらい、食べきれなかったものがあれば、あとで食べられるように持ち帰ってもらいましょう。

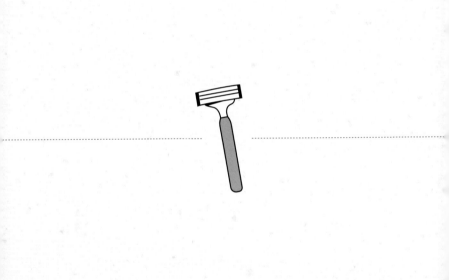

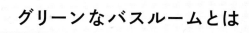

グリーンなバスルームとは

よりグリーンなのはお風呂？
それともシャワー？

答えは簡単だと思うかもしれませんが、
シャワーの効率の良し悪しはあなたの使い方次第です。
シャワーの使用時間を普段より少し短くすれば、多くの水を節約できます。

　風呂はシャワーに比べてはるかに多くの水を使うと思われがちですが、必ずしもそうだとはいえません。平均的な浴槽の容量が約136リットル［日本の浴槽は200リットル前後］であるのに対し、平均的なシャワーでは1分当たり約19リットルの水を使います（節水シャワーヘッドが取り付けられていない場合）。

つまり、シャワーを浴びている時間が7分を超えると、少なくとも浴槽を満たせる分の水量を使用してしまうのです。

　英国のある環境慈善団体によると、シャワーの平均使用時間は9分で、7％の人はシャワーを浴び始めるまでに3分間もお湯を出しっぱなしにしているそうです。

　シャワーの使用時間が長くなりすぎると、風呂よりグリーンだとはいえなくなってしまいます。それでも、いつもの習慣を少し変えるだけで、簡単に水を節約できます。

●**シャワーを浴びるときには、**タイマーを使ってシャワーの制限時間を設定しましょう（経験上、シャワー時間はお気に入りの歌1曲分にすると、3、4分に収まります）。

●可能であれば**節水**シャワーヘッドを**取り付けましょう。**7分間のシャワーで最大26リットルの水を節約できます。元の水圧が低いと効率が悪くなるかもしれませんが、そうでないなら節水のためにやってみましょう！

●**入浴するなら、**あまり多くの水を入れないようにし、残り湯は植物の水やりに使いましょう。

●**水道メーターを取り付けて、**実際の水使用量を確認できるようにし、節水の目標を立てましょう。水道代の節約にもなります。

7分間
（風呂よりも水使用量を少なくする場合）

9分間
（平均的なシャワー使用時間）

▲シャワーを浴びている時間が7分を超えてしまうと、風呂よりも節水効果が望めないため、できるだけシャワーの時間を短縮しましょう。

できるだけグリーンにシェービングするには？

すね毛を剃るにしても、もみあげを剃るにしても、
かみそりをムダ毛のようにすぐに不要になるものと考えないでください。
長く使い続けられるかみそりなら、プラスチックのごみも出ません。

　埋め立て処分される使い捨てかみそりは年間数十億個にものぼります。スチール製の刃はリサイクル可能ではあるものの、実際にはそのほとんどがリサイクルされていません。それに、プラスチック製のハンドル部分もただ貯まっていくばかり。プラスチックに関しては、多くが分厚いプラスチックのパッケージ入りで販売されているのも問題です。それにもかかわらず、使い捨てかみそりのリサイクルプログラムはほんの数えるほどしかありません。

　ごみを削減するには、ハンドル部分にサステナブルで成長の早い竹や再生プラスチックを用いたかみそりを探すのもひとつの方法です。さらに良いのは、より長く使い続けられる、一生ものの製品に回帰することです。

　電気シェーバーは、水や水を加熱するためのエネルギーを必要とせず、数年間使い続けられます。その一方で、最初の製造工程では環境負荷が発生し、使用にはバッテリーが必要で（140ページを参照）、リサイクルもできません。さらに電力使用量も考慮に入れて製造から廃棄までを比べると、電気シェーバーは使い捨てかみそりよりもわずかにグリーンなだけです。

　群を抜いて環境に優しいのは、昔ながらの安全かみそり。スチール製で両刃のかみそり刃は交換可能です。使い捨てのものに比べれば手入れと忍耐力が少々必要ですが、プラスチックごみを出さずに済むと思

えばそれだけの価値はあるでしょう。注文に応じて安全かみそりの配送サービスを提供するネットショップも登場しています（これによりサプライチェーンが短縮できます。118ページを参照）。プラスチック不使用で紙箱に入った、昔ながらのヒゲ剃り用石鹸とともに販売されている製品も多くあります。

平均的な**使い捨て
かみそり**は、わずか**6〜9回**
使用した後に**捨てられます。**

フォームとローション

　また、いつものシェービングをよりグリーンにするためのもうひとつの方法は、シェービングフォームの使用をやめることです。エアゾール缶は、水質や海洋生物に悪影響を与える有害な化学物質を含有するだけでなく、リサイクルもできず、分解に500年を要します。シェービングフォームをやめて、プラスチック包装不使用のローションやクリーム、石鹸に切り替えましょう。さらにパーム油やそれに代わる有害物質が含まれていないかも確認してください（44ページを参照）。

　脱毛派には、プラスチックや合成化学物質を使用していない天然由来のシュガーワックスがおすすめです。

ソープやシャンプーは、固形と詰め替え可能なボトル入りのどちらを使うべき？

ボトル入りのソープやシャワージェル、シャンプーは
便利かもしれませんが、汚染の大きな要因にもなっています。
幸い、プラスチックや合成化学物質を使用しない製品もたくさんあります。

　液体ソープやスクラブ、ヘアケア製品は、やがて埋め立て処分される膨大な量のプラスチックごみを発生させます。米国だけでも、シャンプーボトルの製造量は年間5億本以上にのぼります（しかもこの数字にはホテル用のミニボトルは含まれていません）。ある調査では、バスルームで発生するプラスチックをリサイクルしていると回答した人が、英国ではわずか50％、米国では約20％にすぎませんでした。液体ハンドソープが入ったプラスチック製のポンプ式ボトルの材料は、リサイクルできない使い捨てプラスチックです（ポンプ部分はほとんど不可能です）。また、たとえ詰め替えができても、液体のソープやシャンプーは地球にとって良いものではありません。固形に比べて製造に多くの水やエネルギーを要し、輸送効率も悪く、さらに河川に流出すると野生生物に悪影響を及ぼしうる合成化学物質が含まれているからです。

　固形石鹸を試してみたくなってきましたか？　それなら（原料の無駄が少ない）少量生産や手づくりの石鹸を探してみましょう。紙やボール紙のパッケージ入りや、まったく包装されずに販売されているものも数多く見つかります。地元で製造された石鹸を使えば、朝のひとときに要する空輸距離も削減できます。また、天然由来成分100％のものを選びましょう。獣脂などの動物性油脂の代わりに、植物性のグリセリンやオリーブオイル、シアバターを原料としたヴィーガンタイプも豊富に手に入ります。

▼固形石鹸やシャンプーは、液体タイプに比べ、エネルギーやパッケージ、輸送にかかる環境負荷が少なく、より長持ちします。

液体ソープは固形石鹸に
比べ、製造に**5倍**の
エネルギーを用い、
20倍のパッケージを用い、
輸送に伴い**15倍**の
温室効果ガスを排出します。

固形石鹸は、
同じ重量の
液体ソープに比べ、
7倍長持ちします。

シャワージェルやボディスクラブだけでなく、シャンプーやコンディショナーも固形タイプのほうがグリーンです。一般的なシャンプーを使わずに髪を洗うとはいっても、酢リンスを使ったり、何週間もベタつく髪に耐えながら、自浄作用の膜で艶のある髪を目指す必要はありません（ただし、いずれもごみが出ないので、試しても問題はありません）。固形タイプのシャンプーは液体タイプの2〜3倍長持ちします。固形タイプにはシャンプーの泡立ちを良くするラウリル硫酸ナトリウム（SLS）を含まないものが多いため、あまり泡立たないかもしれませんが、泡が髪をきれいにしてくれるわけではないので心配はいりません。い

ろいろ試して、自分の髪に合う固形タイプのシャンプーを見つけてください。新しい配合に髪が慣れるまでには、数回洗ってみる必要があるかもしれません。また飛行機での移動にも重宝します。携帯用ケースを購入しておけば、100ミリリットルの液体持ち込み制限を気にする必要もなくなるでしょう。

液体ハンドソープの**カーボンフットプリント**は、固形石鹸よりも**25%**大きくなります。

環境に優しいデオドラントを選ぶには？

どんなものを探せばよいか知っておけば、
グリーンで香りの良いデオドラント(消臭剤)もすぐに見つかります。

悪臭を放ちたくはないけれど、汚染に加担するのも避けたいもの。デオドラント製品は、エアゾール缶やプラスチック製のロールオンタイプが一般的ですが、これらはいずれも基本的にリサイクルできません。また、その多くが防腐剤である**パラベン類***や、毛穴をふさいで汗を防ぐためのアルミニウムなど、有害なおそれのある成分を含有しています。これらががんやその他の健康問題を引き起こす可能性もあると示唆する研究もあります。

天然由来のデオドラントの場合、アルミニウムは含まれていませんが、通常のデオドラントに比べると、成分に大きなばらつきがあり、肌のタイプによって合うものも

異なります。そのため、自分にぴったりの製品が見つかるまでいくつか試してみる必要があるかもしれません。

● **プラスチック不使用**で、金属製容器やボール紙の筒に入った天然由来100%の固形デオドラントや、ガラスびん入りクリームを**探しましょう**。一般的な店で見つからないときには、ネット上で探してみるといいでしょう。

● 自家製が**お好みなら**、シアバターやココナッツオイル、クズウコン、重曹、エッセンシャルオイルなどをさまざまに組み合わせて手づくりしてみるのもおすすめです。レシピはネット検索してみましょう。

トイレットペーパーがもたらす
環境への影響とは？

世界には、トイレで紙を使わず水で洗浄する地域も少なくありませんが、
それでもトイレットペーパーが地球にもたらす影響はやはり甚大です。
しかも、これは原料の木だけの問題ではありません。

　ひとりきりの時間を邪魔したくはありませんが、トイレットペーパーは地球の資源を大量に消費するもの。高級ブランドへの需要が高まっている影響で、再生紙トイレットペーパーの生産は減少しています。その結果、現在生産されるトイレットペーパーの大部分が木材パルプのバージン材を原料としているうえ、サステナブルな方法で調達されていない原料も少なくありません。木材パルプはエネルギーを大量消費する工程を経て製造され、複雑な化学薬品を用いて漂白されますが、その際にダイオキシン類などの発がん性物質を大気中に放出させます。さらに最近の報告書では、たった1ロール分のトイレットペーパーの製造に168リットルの水が必要であるという試算もあります。先進国での一般的な使用量が1人当たり週2ロールであることを考えれば、どれほど膨大な水が必要か想像がつくでしょう。

　違和感のあるアイデアかもしれませんが、トイレットペーパーよりも水の無駄が少なくて済むのが、ビデや温水洗浄便座です。ある試算によると、平均的なビデの水使用量は1回当たり0.5リットル未満となっており、トイレットペーパーの製造に要する水量よりもはるかに少量です。つまり、ビデは水と木の両方を節約できる、よりグリーンな手段なのです〔ただし、ビデ使用後にトイレットペーパーで拭かないことが前提〕。ビ

デの普及率や入手のしやすさは国によって大きく異なりますが、90%の家庭に導入されているベネズエラのような国は、正しい道を歩んでいるのかもしれません。

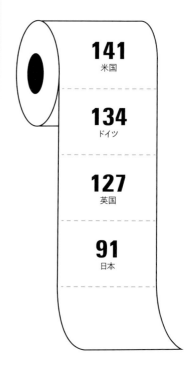

141 米国

134 ドイツ

127 英国

91 日本

▲2018年に行われた調査によるトイレットペーパーの1人当たり年間使用ロール数の試算。上位となったのはこの4カ国です。

● 温水洗浄便座を取り付けたり、配管が許せばビデを**設置したりすることを検討しましょう**。

● **よりグリーンな代用品として**、裁断してアップサイクルした布で拭けば、繰り返し使えます。使用済みのものは袋や容器に入れておけば、洗濯機で洗うのにも便利です。

● トイレットペーパーを**使い続けるなら**、再生紙タイプに切り替えましょう。プラスチック包装不使用の箱入りで再生紙100%のトイレットペーパーを配送してくれるブランドを探してみてください。また、木材パルプではなく、FSC認証のある竹を原料とするトイレットペーパーを試してみるのもいいでしょう。これに対し、木材パルプのバージン材の原料は、成長の遅い落葉樹と成長の早い針葉樹です（FSCの詳細については169ページを参照）。「FSCミックス」と表示されているトイレットペーパーには、木材パルプのバージン材が含まれているので注意が必要です。そして何よりも重要なのが、一般的なブランドよりもバージン材をはるかに多く用いる、いわゆる「高級」ペーパーや4枚重ねロールの使用を避けることです。お尻を拭くたびに森林破壊に加担してまでも、ひとつ上の快適さを求める必要はあるでしょうか？

トイレを1回流すと、どのぐらいの水を使うの？

水不足問題は深刻化しています。
シンプルな工夫を取り入れるだけで、トイレで水の無駄遣いをなくせます。

欧州では、家庭における水使用量のおよそ30%が、トイレの洗浄によるものです。洗浄水量が2段階あるトイレ（小便用に水量の少ない洗浄を選べるもの）の場合、1回の洗浄水量は最大6リットルですが、水量を選べない旧式のトイレの場合、最大で1回13リットルにもなります。大半の人は1日に平均5回トイレを流すため、合計で65リットルもの水を使っているのです。

ここで、毎日使うトイレで水を節約するための工夫をご紹介します。

● **水を入れた**ペットボトルや袋、レンガなどを貯水タンクに入れると、1回に流す水量を削減できます。

● トイレを流す回数を**減らしましょう**。夜間に小便をしただけでも必ず流さなければいけませんか？

● **水漏れがないか確認**しましょう。貯水タンクから水漏れしていると、水（そして水道代）の無駄になるので、調べてみてください。

● 新しいトイレを**購入する際**には、できるだけ洗浄水量を選択できるモデルを選び（そして適切に使い）ましょう。

生理期間をよりグリーンに過ごすには？

多くの人々にとって、使い捨ての生理用品はあまりにも当たり前になっていて、繰り返し使うタイプに替えるなんて想像できないかもしれません。しかし、生理が環境にもたらす大きな負担を直視するべきときがやって来たのです。

生理用品は環境汚染を引き起こす大きな要因のひとつです。私たちが毎月捨てているナプキンやタンポンには、大量のプラスチックが含まれており、分解されるまでに500年を要するといいます。先進国の女性は、初潮から閉経までの期間に平均で1万1,000個ものナプキンやタンポンを使用します。英国だけでも、毎日約250万個ものタンポンが（多くは付属のアプリケーターとともに）トイレに流され、その多くが河川や海に流れ込んだり、海岸に打ち上げられたりしているのです。2016年に英国の慈善団体が調査を行ったところ、対象となった海岸では100メートルにつきおよそ20個の生理用品廃棄物が発見されました。

また、生理がもたらす環境への影響は、ごみ問題だけではありません。生理用品にはプラスチックのみならず、漂白された素材（木材パルプなど）も用いられており、塩素やダイオキシン類などの人体に有害な化学物質が含まれているのです。それらが土壌に溶け込むと地下水を汚染したり、土壌の肥沃度を損なうおそれもあります。また、生理用品の製造過程ではエネルギーを大量消費し、環境を汚染します。

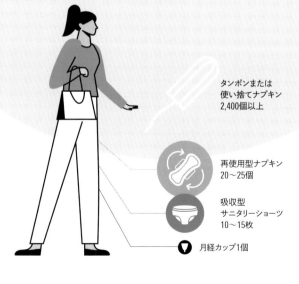

タンポンまたは
使い捨てナプキン
2,400個以上

再使用型ナプキン
20〜25個

吸収型
サニタリーショーツ
10〜15枚

月経カップ1個

◀使用する生理用品のタイプを替えると、資源の消費量を大きく削減できます。図は、ひとりの女性が10年間で使用する各生理用品の数を示しています。

それでは、現代の生理用品産業が地球に及ぼす影響を軽減するにはどうすればいいのでしょうか？

●使い捨ての製品を**購入するなら**、紙の包装や、ボール紙の筒または再使用型のアプリケーターを用いているブランドに切り替えましょう。ただし、「植物性プラスチック」の表示には注意が必要です。短期間で生分解されると謳っているかもしれませんが、実際はそうではないことが多いためです。生理用ナプキンは再生可能な素材のみを使用したものを、タンポンはオーガニックコットンやその他の生分解性素材を使用したものを選びましょう。また、生理用品を毎月届けてくれるサブスクリプションサービスに加入すれば、サプライチェーンを短縮できます。さらに、「生理の貧困」に取り組むプロジェクトに生理用品や資金を寄付している企業からの購入を考えるのもいいでしょう。世界では生理用品を買うだけの経済的余裕がなかったり、入手できなかったりする女性が何百万人もいるのです。

世界ではタンポン用のプラスチック製アプリケーターが、毎月100億個も廃棄されています。

●繰り返し使えるタイプに切り替えましょう。使い捨ての生理用品を使って育ってきた世代には、大変そうに思えるかもしれませんが、生理用品が引き起こす問題には、これが最善の解決策であることに議論の余地はありません。繰り返し使えるタイプのひとつである吸収型のサニタリーショーツは、ショーツとナプキンが一体化したもので、湿気を逃がしつつ高い吸水性を発揮する綿の生地と、抗菌性があり漏れを防ぐ裏地を使用しており、洗濯も可能です。ほとんどのサニタリーショーツはわずか数ミリほどの薄さですが、タンポン2個分もの吸水力があります。また、2〜3年は使い続けられるうえ、多い日用や軽い日用などの種類も揃っています。ほかには、取り外し可能で繰り返し使えるタイプのナプキンもおすすめです。いわゆる「羽」とスナップボタンがついているものも多いので、普通の下着にしっかりと装着して使えます。また、余り布を使ってナプキンを手づくりすれば、まったくお金もかからず、ごみも出ません。ネット上で「布ナプキンのパターン」と検索し、つくり方を見つけましょう。そして、最後にご紹介しておきたい優れた再使用型タイプの製品が、人気を集めつつあるシリコン製月経カップです。タンポンのように膣内に挿入して使い、経血がカップ内に溜まったら取り出して経血を捨て、軽く洗ったらまた挿入して使えます。また、生理期間が終わってから煮沸消毒もできます。1個あれば10年ほど使い続けられるため、地球に優しく、経済的にもかなりの節約になります！

サステナブルでごみを出さない
スキンケア製品を選ぶには？

よりサステナブルなスキンケア習慣を取り入れるには、
製品に含まれる成分とパッケージのふたつの点に注意しましょう。

　一般的な店で販売されていても、人体や地球に悪影響をもたらすおそれのある成分が含まれているスキンケア製品は少なくありません。パラベンなどの防腐剤は、ホルモンバランスの崩れを引き起こすおそれもあり、ラウリル硫酸ナトリウム（SLS）やジエタノールアミン（DEA）のような一般的な成分にも、発がん性が疑われるものがあります。同様に、パーム油（44ページを参照）も広く用いられている成分のひとつです。

　また、使用される多くのチューブや容器、ボトルはリサイクルが困難なため、スキンケア業界はプラスチック汚染の一因にもなっています。パッケージだけではありません。個別包装されたシートマスクはまるで使い捨てプラスチックの悪夢のような存在であるほか、（現在では多くの国々で使用が禁止されている）マイクロビーズも海洋生物に大きな被害を与えてきました。

●ココアバター、アボカド、エッセンシャルオイル、そして手摘みの野生植物などを原料とする**オーガニック**製品や天然由来の成分を用いた製品を**探しましょう**。コーヒーかすを原料にした角質取りやシュガースクラブを試してみるのもおすすめです（手づくりに挑戦してもいいでしょう）。ただし、すべての自然派スキンケアがヴィーガンとはいうわけではないので、注意してください。サステナブルな方法で生産された蜜蠟やはちみつの代わりに合成成分が使われているものも多いためです。それでも、ほとんどの独立系ブランドは使用している原料を明確に情報開示しています。また、EUをはじめ、インドやイスラエル、ニュージーランドなどの国々ではスキンケア製品のための動物実験が禁止されているものの、まだ多くの地域では継続中です。ですので、お気に入りのブランドが動物実験を行っていないかも確認しましょう。

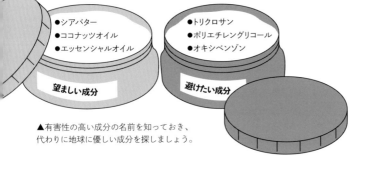

- ●シアバター
- ●ココナッツオイル
- ●エッセンシャルオイル

望ましい成分

- ●トリクロサン
- ●ポリエチレングリコール
- ●オキシベンゾン

避けたい成分

▲有害性の高い成分の名前を知っておき、
代わりに地球に優しい成分を探しましょう。

● **製品を選ぶときは**、地球の裏側からカルト的人気のエコブランドを取り寄せるよりも、地元で製造されたものを選んだほうがグリーンです。できればブランドから直接購入するか、地元のマーケットで購入しましょう。地元で栽培された天然の原料や手摘みの野生植物を使用して、小規模生産しているブランドを応援したいところです。

● **フェアワイルド**のロゴマークを探しましょう。フェアワイルドは、土壌の管理や労働者のためのベストプラクティスを保証する世界的な認証制度です。

● **購入アイテム数を減らす**ために、ボディと顔、手などさまざまな部位に使えたり、リップバームや軟膏、保湿クリームとして多機能に活躍したりするバームやオイルのように、多目的なアイテムを選びましょう。

● **パッケージングを削減するために**、生分解性の素材（ボール紙など）やリサイクル可能な素材（ガラスなど）を使用している製品、あるいはパッケージングが一切不要な製品を選びましょう。堆肥化やリサイクルが可能なパッケージングを用いていたり、返却（詰め替え）サービスを提供していたり、パッケージング不要の固形スキンケア製品を開発していたりする、オーガニックかつプラスチックフリーのスキンケアブランドを応援しましょう。

日焼け止めクリームは、どのぐらい海に悪いの？

日焼け止めクリームを塗ることの重要性は強調してもしきれません。
ところが、肌を保護するその性質が海に悪影響をもたらすのです。

たった1年間のうちに海に流れ込む日焼け止めクリームの量は、1万4,000トンにものぼるとされます。それにより、オキシベンゾンなどの化学物質が微生物に有害な影響をもたらしてホルモンバランスをかく乱し、やがてそれが食物連鎖にも取り込まれて、サンゴに害を与えるのです。パラオとハワイでは、すでにオキシベンゾンを含有する日焼け止めクリームが禁止されています。

より環境に優しいアプローチとして適した選択肢もあります。

● **オーガニック**やヴィーガンの日焼け止めクリームで、オキシベンゾン、パラベン類、石油化学製品、プロピレングリコールを含まないものを探しましょう。

● **日焼け止めクリームを選ぶときには**、サトウキビやボール紙を原料にしたチューブや、金属製の缶、再生プラスチックなど、リサイクル可能なパッケージングに入ったものにしましょう。

● **主流ブランドの製品を使用するのであれば**、スプレータイプは避けましょう。このタイプは肌だけでなく、砂や草にまで付着してしまうことも多く、環境への拡散防止が難しいためです。

環境に優しい化粧品を選ぶには？

活況を呈する美容業界も、その環境への影響は決して
美しいものではありません。グリーン志向を貫くのなら、
サステナブルでない成分や過剰包装の削減が必要です。

　化粧ポーチの中には、さまざまな環境問題が詰まっています。化粧品の質感を良くし、保存期間を延ばす目的で使用されるパーム油は、化粧品全体の70%に含有されており、サステナブルでない生産工程により、森林伐採や、生息環境の破壊、温室効果ガスの排出などを引き起こします（44ページを参照）。また、ほとんどの化粧品に含まれるパラベン類やオキシベンゾンといった化学物質も、環境を汚染し、動物や人間に悪影響をもたらしうるものです。さらに、多くの化粧品メーカーが現在も製品の開発に動物実験を行っています。加えて、美容業界では年間1,420億個ものパッケージ入り商品が製造されており、その大部分がプラスチック製です。

　一般的には、オーガニックで天然成分を用いた化粧品を選ぶのがおすすめです。ただし、化粧品業界には「オーガニック」と表示できるものについての規制がない点に注意が必要です。具体的なブランドについては、どんな成分を使用しているのかを自分で調べてみたほうがいいでしょう。

● 小規模な地元の独立系ブランドを応援しましょう。そうすれば、あなたのお金は多国籍企業にではなく、地元経済に投資する企業に入ります。独立系メーカーは、製造時の二酸化炭素排出量が少ない傾向があり、また地元で購入すれば、空輸距離の削減にも貢献できます。

● 「クルエルティフリーインターナショナル（Cruelty Free International）」（跳ねているウサギのマーク）や、「動物の倫理的扱いを求める人々の会（PETA：People for the Ethical Treatment of Animals）」、あるいは「ヴィーガン協会（Vegan Society）」の認証を受けた**化粧品を選びましょう**。動物実験に関する方針については、多国籍ブランドのウェブサイトでは目立たない場所に隠れているケースが多いものの、小規模な独立系ブランドは、よりオープンで、より高いエコ基準を設けている傾向があります。

✓ 合成化学物質不使用

✓ 動物実験を行っていない（クルエルティフリー）

✓ パーム油不使用

✓ 最小限のパッケージング

✓ 地元で製造

✓ 天然由来成分

▲グリーンな化粧品を探す際には、エコの条件をチェックリストとして考えるといいでしょう。チェックできた項目が多いほど、より望ましいと言えます。

- サステナブルなサプライチェーンと、生産者への公正な報酬を保証する**世界的な**認証制度「持続可能なパーム油のための円卓会議（RSPO）」の認証を取得したものを**探しましょう。**
- パッケージングを削減するために、詰め替えタイプの化粧品を探してみましょう。そうすればプラスチックの容器は捨てずに、パウダーやリップスティックの詰め替えを注文するだけで済みます。また、パッケージングにボール紙や竹、再生素材を用いているブランドや、ほとんどパッケージングを必要としない固形化粧品を扱うブランドも見つかります。さ

らに、多目的に使える製品に切り替えるのも、使い捨てプラスチックの削減に極めて効果的で、化粧ポーチも軽くなるでしょう。

化粧品の**70%**が、使い終わる前に**廃棄されます**。

- 化粧品の手づくりに挑戦しましょう。ネット上にはチークパウダーやリップクリームなどの手づくりレシピが満載です。天然の材料や手持ちの容器を活用しましょう。

最もグリーンな化粧落としの方法とは？

1日の締めくくりの習慣を環境に優しいものにしたいなら、
基本に立ち返るのがいちばんです。

メイクを長持ちさせたり、逆に手軽に落とせたりするミラクルな新製品が毎年のように発売されますが、その多くは環境に優しいとは到底言えません。そのなかでも最大の問題児はメイク落としシートです。世界ではこのようなウェットシート類が1日13億枚も使われる一方で、1枚のシートが生分解されるには100年以上を要します。また、環境に悪影響をもたらすばかりか、効果もそれほど期待できません。メイクやバクテリアを浮き上がらせるのではなく、顔じゅうにこすりつけるようにして拭くからです。

いちばんグリーンなメイク落としの方法

は、いちばんシンプルで素朴な方法でもあります。洗濯でき、肌にも優しいオーガニックコットンのパッドやガーゼなど、繰り返し使えるものに切り替えればいいのです。

さらに、プラスチック製ボトルに入った合成成分配合のクレンジングを買う代わりに、キッチンにある昔ながらの食用油（ココナッツ油やオリーブ油が最適です。オーガニックか低温圧搾のものを選びましょう）を使うのもおすすめです。あるいは、ガラスびんや詰め替え用ボトルを用い、海藻エキスやエッセンシャルオイル、ウィッチヘーゼル、シアバターなどの成分を使用している地球に優しいブランドを探してみましょう。

地球に配慮しながら髪を染めたり、ストレートにするには？

アンモニアや水酸化ナトリウムなど、髪を変身させるために
用いられる化学物質は、水中の微生物に悪影響を与え、
海洋生物に害をもたらします。

　一般的な染毛剤は、大気汚染や水質の酸性化の原因となるアンモニアや、皮膚を刺激したりアレルゲンとなるパラフェニレンジアミン（PPD）など、いくつもの有害な化学物質を含有しています。同様に、「リラクサー」と呼ばれるストレートパーマ剤にも、水酸化ナトリウムなどの刺激の強い化学物質が含まれます。これらの物質が排水溝に流されると、水処理過程でも残留し、河川を汚染し、やがて野生生物に害をもたらします。髪の色を明るくするブリーチとして用いられる過酸化水素もやはり一般的に含まれる化学物質です。塩素系漂白剤とは異なり、環境中に流出しても無害に分解されますが、人体や動物に健康被害をもたらすおそれがあります。

米国の消費者は、年間約8万3,000トンの染毛剤を使用します。

　幸い、地球に配慮しながら新しいスタイルを楽しめる方法もあります。
- **植物由来の染毛剤を探しましょう。** 未来を見据えた環境に優しいヘアサロンに置かれています。通常に比べるとカラーは長持ちしませんが、髪にも地球にも優しいものです（ただし、これは比較的新しい分野なので「グリーンウォッシュ」が横行している点に注意してください）。
- **「オーガニック」** を謳う市販の染毛剤に**注意しましょう。** ヘアケア製品には、「オーガニック」の表示に関する規制がありません。本当にオーガニックな染毛剤は、オーガニックのヘナと植物性染料のみです。また「化学物質を含まない」と書かれた製品にも気をつけてください。あらゆるものが――植物さえも――化学物質からできているので、これは無意味な宣伝文句にすぎません。
- **リラクサーについては、** ティーツリーやシアバターの木のような天然由来の原料を用いた製品や、泥ベースの製品を探してみましょう。あるいは、ココナッツオイルやはちみつなどの材料を使った自家製コンディショナーのつくり方をネット上で調べてみるのもおすすめです。
- 使用している植物由来成分を説明し、動物実験を行っておらず、環境に優しいパッケージングを採用していることに誇りをもっている**ブランドを探しましょう。**
- ヘアカラーが長持ちするように**髪の手入れをし、** 頻繁に染めずに済むようにしましょう。色落ちを早める硫酸塩や塩化ナトリウムを含まないシャンプーとコンディショナーを使うのがおすすめです。

コンタクトレンズは
地球にどれだけ悪いの？

コンタクトレンズは小さいので、ごみ問題を引き起こすとは
思えないかもしれませんが、間違った方法で捨てられると、
河川や海、土壌に流出し、マイクロプラスチック問題につながります。

コンタクトレンズの消費量はかなりのものです。米国には、およそ4,500万人のコンタクトレンズ使用者がいます。また、ある調査によると、使用者の15〜20％が使用済みコンタクトレンズをシンクやトイレに流しており、年間20〜23トンものプラスチック廃棄物を水路に排出しています。レンズは海底に沈み、海洋生物に丸ごと飲み込まれるおそれがあるほか、時間の経過とともに細かく砕けてマイクロプラスチックにもなります（この問題の詳細については96ページを参照）。

使い捨てコンタクトレンズの処分方法はほかにもあり、また環境への影響を軽減する方法もあります（ある調査では、ほかの処分方法を知らないと回答したコンタクトレンズ使用者は39％にのぼりました）。ここでは、より環境に優しいコンタクトレンズの使い方をご紹介します。

● ごみを減らすために、1日用ではなく、1週間用、1カ月用のレンズに切り替えましょう。そうすれば使用するレンズの数だけでなく、プラスチックのパッケージングのごみも減らせます〔日本では、使い捨てコンタクトレンズの空ケースのリサイクルプロジェクトが販売会社やメーカなどによって行われています〕。

● 可能な場合は **レンズをリサイクルしましょう**。英国では、使用済みレンズを製造元に送るか、近くの眼鏡店に設置してある回収ボックスに入れて、ある程度の量をまとめてリサイクルするプログラムがあります。

● リサイクル **できない** 場合は、レンズとパッケージングをシンクやトイレに流さず、きちんとごみ箱に捨てましょう。

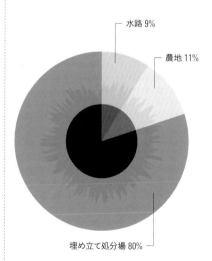

水路 9％

農地 11％

埋め立て処分場 80％

▲2018年に、リサイクルされなかったコンタクトレンズの行方の調査が米国で行われました。埋め立て処分されたもの以外は、排水から水路や農地に流出しています。

電動歯ブラシと竹製歯ブラシ、どちらのほうが環境に優しい？

お口の健康を維持するうえで、いちばん環境に優しいのは竹の歯ブラシのように思えますが、正しいものを選べば電動歯ブラシもグリーンだと言えます。

　まず大事なのは、何を選ぶにしても、使い捨てプラスチックの歯ブラシは避けることです。米国だけでも、年間10億本ものプラスチック製歯ブラシが廃棄されます。研究者たちは、1930年代以降に製造されたプラスチック製歯ブラシが、ほとんどすべて現在も残存しているだろうと考えています。さまざまな素材を組み合わせて製造されており、リサイクルがほぼ不可能なためです。

　歯ブラシ問題の解決策のひとつは、天然の素材への回帰です。竹製の歯ブラシは広く流通しています。竹は成長が早く、栽培に必要な水も少なくて済むので、プラスチック製よりもはるかに環境に優しい素材です。

▲米国で1年間に捨てられる歯ブラシを並べると、地球4周分の長さになります。

　歯ブラシの毛の部分については、プラスチックも動物由来原料も使用していないナイロンの代用品は現在もありません。つまり、竹製歯ブラシも（イノシシの毛を用いたものがあるとは言え）、ほとんどが100%生分解可能ではないのです。ただし竹製であれば、ナイロンの毛を取り除いた後のハンドル部分は商業的に堆肥化可能なため、廃棄物を最小限に抑えられます。責任をもって調達された竹を用いた歯ブラシを選び、ハンドル部分は埋め立て処分にせず、より早く分解されるようにコンポストボックスに入れましょう。

　電動歯ブラシの場合、状況はもう少し複雑です。旧型の乾電池式モデルはそれほどエコではありませんが（140ページを参照）、最近のモデルは充電式で、さらに再生プラスチックを使用しているタイプも出ています。ほとんどは、数カ月おきにヘッド部分だけを取り外して交換できるので、歯ブラシ全体を捨てる必要はありません。使用済みのヘッド部分を返送してリサイクルできるシステムを導入している企業もあります。

　最もサステナブルな歯ブラシを求めるなら、電池を入れ替える必要がなく、プラスチック包装されておらず、サプライチェーンが短く（118〜119ページを参照）、リサイクル可能な電動歯ブラシを探しましょう。

バスルームから
ごみが出ないようにするには？

過剰消費を見直そうとする際に、バスルームはつい見逃されがちです。
シンプルな工夫をいくつか取り入れると
「リデュース、リユース、リサイクル」に役立ちます。

デンタルフロスやコットンのように小さなアイテムは些細なものだと思われがちです。しかし、誰もがそのような意識をもっていると、限りある資源からつくられた製品が大量に捨てられてしまいます。また、どのバスルームにも置かれているアイテムのなかには、まぎれもなく地球に悪影響をもたらしているものもあります。

まず、ウェットシート類の使用は控えるべきです。ウェットシート類は、化粧落としから子どもの汚れ拭きまで、日常生活の必需品として広く認識されているものの、使い捨てプラスチックの大きな問題児です。素材はポリエステルやポリプロピレンなどさまざまですが、いずれも生分解せず、細かく砕けてマイクロプラスチックになります（96ページを参照）。また、ごみ箱でなくトイレに捨てられると、下水道で「ファットバーグ（脂肪の塊）」と呼ばれる巨大でぬるぬるしたごみの塊ができる原因にもなるのです。

もうひとつの問題児は綿棒です。小さいので大した害はないように見えますが、世界全体での消費量が多く、実際によくトイレに流されるため、海洋汚染問題にとって悩みの種となっており、現在ではプラスチックを使用した綿棒の販売が多くの国で禁止されています。

デンタルフロスも多くがプラスチック製で、コーティングに用いられている合成ワックスやテフロンに似た物質は、環境に長期的に残り続け、人間や動物にとっても有害です。

よりグリーンな生活をするには、できるだけ消費を減らさなければなりません。また、繰り返し使えるものに切り替えるのも、個人レベルで変化をもたらせる方法のひとつです。再使用できないアイテムは、生分解性のものを探し、適切に廃棄しましょう。

英国では、年間**18億本の**
綿棒が使用されます。

● **バスルームの棚を調べ**、使い捨てのアイテムを繰り返し使用できるものに切り替えられないか検討しましょう。

● **ウェットシート類の使用をやめ**、洗濯可能で繰り返し使える綿のクロスやパッドに切り替えましょう。どうしてもウェットシート類を使用しなければならない場合は、トイレに流さないようにしてください。

● 柄の部分にボール紙を使用した**紙軸綿棒に切り替え**、使用後はきちんとごみ箱に捨てましょう。

● ガラスびん入りで生分解性の糸を用いた**デンタルフロス**や、コーンスターチや竹を用いた糸ようじ、あるいは水のジェット噴射によるウォーターフロスに**替えましょう**。歯間ブラシも、プラスチック製でなく竹製のものを選びましょう。

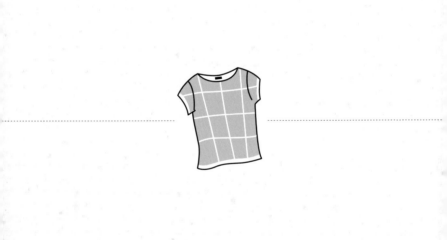

グリーンなファッションとは

ファストファッションが
問題視されている理由とは？

もっとグリーンな生活を目指すなら、衣類の買い方、洗い方、
捨て方の見直しが必要です。ファストファッションは手軽で
安価かもしれませんが、地球には深刻な問題をもたらすからです。

　ファッションが環境に悪影響を及ぼすことはよく知られています。生地の製造に必要な原材料の栽培や収穫だけでも森林伐採や生物多様性の損失を引き起こすうえ、製造と染色に用いられる化学物質は水域を汚染し、土壌の健全性を劣化させ、工場労働者の健康を阻害します。ファッション産業は、世界で最も環境を汚染している産業のひとつなのです。中国では、衣料品の製造に使用された化学物質を大量に含む水が、服飾工場から110億リットル以上も排出され、河川や湖沼の70％を汚染しているといいます。

　また、ファッション産業は世界の淡水の2％を使用しており、（石油産業と航空産業に次いで）3番目に水使用量の多い産業です。工業的規模の服飾製造は、砂漠化にも関与しています。綿花畑の灌漑のために湖や河川から淡水を吸い上げ、生物の個体数の喪失や地域の気象パターンの崩壊を招いているためです。中央アジアのアラル海は、この慣行により**砂漠化***が進み、湖沼面積が90％も縮小しました。

誰にででも
手の届く
安価な
ファッション

＝

廃棄物、
汚染、
水不足、
森林伐採

▲ファストファッション産業がない生活を想像するのは難しいですが、この産業が地球の資源に壊滅的な問題を引き起こしているのも事実です。

人権の犠牲

　また、深刻な人権問題も発生しています。ファストファッションブランドが自社製品の製造工場を直接管理することはまれで、多くは労働環境の監視を行っていません。そのため、女性や子どもの無償残業や、肉体的・精神的な虐待、適正な生活水準の維持に必要な額をはるかに下回る賃金など、極めて劣悪なケースも見られます。

私たちが果たすべき役割とは

　人権の犠牲に加え、この問題をいっそう悪化させているのが、過剰消費（大量のモノの購入）です。私たちの衣装ダンスが溢れ返っていることも珍しくはないでしょう。

　さらに、店頭にところ狭しと並べられた何十億点もの衣料品は、購入前と購入後の両方で、膨大な量の廃棄物を発生させます。工場では年間600億平方メートルにのぼる生地が無駄になり、埋め立て処分される衣料品は、米国だけでも年間1,000万トンに迫るほどです。

　私たちの意識を変化させない限り、これらの問題は悪化の一途をたどっていくでしょう。必要なのは製造量と購入量の両方を減らすことです。

　多くの国はグローバルファッションブランドに対し、より厳格な環境目標を設定するよう求めています。そのため、ブランド側も毛皮や皮革の使用を禁止し、サステナブルなオーガニックコットンの使用を増やすなどして自主的に管理している場合もあります。とはいえ、それだけでは過剰消費の問題は解消できません。では、個人レベルではいったい何ができるのでしょうか。

● **購入量を減らしましょう。** 買う習慣を変えることが、私たちにできる最も効果的な対策です。古着を購入したり、衣料品の交換会に参加したり、お友だちやきょうだいと共有したりしてもいいでしょう。衣料品の過剰な購入を抑えれば、需要そのものを削減できます。

ジーンズ1本の製造には、**最大**
1万リットル
もの水を使用します。

● **良質な衣料品に投資し、** 買い替えの頻度を減らしましょう。さらに、着なくなった後も、衣料品が循環し続けるようにしてください（106ページを参照）。
● 自社製品がどこでどのように製造されているかを誠実に公開している**独立系ブランドを応援しましょう。**
● お気に入りのグローバルブランドに**質問を投げかけましょう。** 消費者からのプレッシャーなくして、ブランドは変わりません。
● 環境や労働者を不当に扱っている**ブランドをサポートしないようにしましょう。** 大手ブランドが成功するのは、私たち消費者がそうさせるからだということを忘れないでください。変化を起こす力はあなたのお財布の中にあるのです。

化学繊維を用いた生地の問題とは？

合成繊維は廉価な衣料品の大部分に使用されており、私たちの
ファッションに革命をもたらしてきました。ただし、これには代償が
伴います。負の影響を抑えるために何ができるかを考えましょう。

　20世紀初めに合成繊維が登場して以来、衣料品は安価になり、トレンドは飛躍的に加速し、選択の幅も広がりました。

　ポリエステル、ナイロン、アクリル、エラステイン、スパンデックスによって、ライクラや着心地の良いフリースのような実用的な衣料が実現するなど、ファッション界は大きな変貌を遂げたのです。しかし、これらの素材は石油の副生物であるためサステナブルとは言えないうえ、製造工程では温室効果ガスを放出します。それだけではありません。製造には大量の有害化学物質と淡水を必要とし、製造や染色の工程で用いられる化学物質は、工場周辺の大気や土壌を汚染します。とりわけ、規制の緩い地域では顕著です。また、合成繊維の衣料品は廃棄後に生分解されません。つまり、70年代のポリエステル製のフレアパンツや90年代のアクリル製Ｖネックセーターといった、浅はかな考えでつくられた衣料品は、現在もどこかに残存しているのです。また、化学繊維から排出されるマイクロプラスチックは地球のいたるところに入り込んでおり、プラスチック問題も引き起こしています（この問題の詳細は96ページを参照）。

海洋プラスチックをリサイクルした「エコニール（ECONYL）」と呼ばれる糸（を使用した服や靴、水着）もありますが、これも同様にマイクロプラスチックを排出します。また、プラスチックを別の素材と複雑に混合して製造するため、エコニール製の衣料品はリサイクルできません。

準天然素材を用いた生地

　ビスコースやレーヨン、テンセルなどの生地には、木材パルプや竹などを原料とする植物性繊維と合成繊維が混紡されています。これらの生地は、よりグリーンな選択肢としてたびたび宣伝されますが、製造に大量のエネルギー、水、そして（多くが破壊の危機にある森林から伐採された）木材を必要とし、有害化学物質を環境中に放出する点では同じです。

　グリーンであるためには、ラベルを確認して、生地を適切に取り扱うことが大切です。

●合成繊維を用いた衣料品の**購入を控えましょう**。

●化学繊維を用いた衣料品を**購入するなら、十分に活用してください**。製造に要した温室効果ガス排出量を"相殺"するには、30回以上の着用が推奨されます。この目標ラインを上回るようにしましょう。

世界の**全衣料品の65％**は、
合成繊維を用いています。

自分で服をつくったり、
直したりするのも地球のためになる？

自分で服を縫うのは大変そうかもしれませんが、
練習すれば誰にでもできます。手持ちの服を直したり、
アップサイクルすれば、よりグリーンなかたちでファッションを楽しめるでしょう。

　衣類を直したり、つくったりするのは、新品の購入（そして廃棄）を減らすためにも、またグローバルファストファッションの問題に加担しないようにするためにも、うってつけの手段です（90ページを参照）。

　手持ちの衣類を必要に応じて直し、より長く愛用して、環境問題に対抗しましょう。繕い方やボタンのつけ方、裾上げの仕方を知らなくても心配は無用です。学ぶのに遅すぎることはありません。それに、プロの仕立て屋のような技術がなくても大丈夫。現在、多くのグリーン志向の人々のあいだでは、あえて「見えるお直し」をするのがトレンドです。

● 「お直しカフェ」は、ボランティアが縫製やお直しの技術を無料で教えてくれるスペースです。小人数の裁縫のワークショップや教室は、世界各地で大きな関心を集めています。

● ネット上の動画を参考にすれば、補修に必要なかがり縫いなどの技術を手順を追いながら学べます。

● ソーイングに関する**オンラインマガジンを購読**して、パターンやコツ、裁縫スキルの解説を入手しましょう。

● 服を最初からすべて**手づくりしてみましょう**。自分でつくった服は、グローバルブランドで購入した安物よりもずっと長く大切に着られるもの。余り布や、ごみを減らすための賢いパターン（ネット上でたくさん見つかります）を活用したり、小規模経営でサステナブル志向のファッションデザイナーからパターンや素材を購入したりして、新しい趣味のソーイングをグリーンに楽しみましょう。

● **夜間クラスに参加して基礎を学んだり**、スキルを磨いたりするのもいいでしょう。あるいは自分で気の合う仲間を集めてソーインググループをつくり、スキルを教え合ったり、プロジェクトについて話し合ったりするのもおすすめです。

手持ちの衣類の
寿命を**あと9カ月**だけ
延ばせば、その
**カーボンフットプリントを
最大30%**削減できます。

いちばん環境に優しい天然素材とは？

「天然は良い、人工は悪い」と言えるほど単純ではありません。
天然素材の生地も、それぞれに環境問題を抱えているからです。
各素材のライフサイクルも考慮に入れると判断の助けになるでしょう。

　植物や、動物の副生物を原料とする素材はすべて「天然」と呼ばれます。最も代表的なものは、綿、麻（原料は亜麻植物）、ヘンプ、絹、竹、さらに皮革（102ページを参照）やウール（羊毛）です。天然素材はマイクロプラスチック（96ページを参照）を排出せず、寿命が終われば生分解されます。また抗菌性があるものも多く、暑さや寒さに対して着る人の体温を一定に保つ働きをするので汗をかきにくいため、合成素材のように頻繁に洗濯する必要もなく、水とエネルギーを節約できるのです。

　とはいえ、天然素材もやはり環境面で問題を抱えています。エシカルな選択をしようとすると、そこにまた別の影響が伴うケースも少なくありません。環境への影響がまったくない素材など存在しないのです。

　究極的に言えば、すでにもっている衣類を十分に活用するのが最もグリーンな方法です。たとえ手持ちの衣類の生地がサステナブルに製造されたものでなくても、捨てて買い替えなければと思う必要はありません。今ある服を長持ちさせて、新しいアイテムを購入しなければならないときが来たら、より環境に優しい生地を選べばいいだけです。

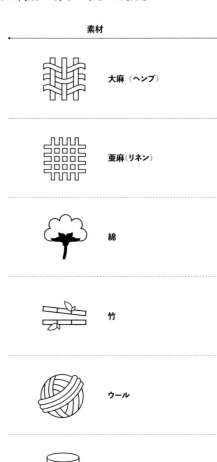

素材

大麻（ヘンプ）

亜麻（リネン）

綿

竹

ウール

絹

天然素材の比較

天然素材については、どれが良くてどれが悪いというはっきりとしたランク付けはできません。それぞれが環境に何らかの影響を及ぼすからです。とはいえ、原料となる作物の栽培のしやすさや、製造工程で刺激の強い化学物質が用いられているかどうか、そして完成した衣類がどの程度長持ちするかといったすべての要素が、環境に優しいかどうかの評価に絡んできます。

長所	短所
最も効率的な繊維作物。ほぼあらゆる場所でわずかな水と養分があれば栽培可能です。単位面積当たりでは、綿に比べ50%の水使用量で、250%の生地生産量がもたらされます。土壌の侵食を防ぎ、農薬を必要としません。生地は耐久性と通気性に優れているため、洗濯の頻度も少なくて済みます。	しわになりやすく、着心地がなじむまで時間を要する場合もあります。また、鮮やかな色は保持できません。
通気性に優れているため、汗をかきにくく(そのため頻繁な洗濯は不要)、速乾性があり、長持ちします。効率性が2番目に高い繊維作物で、植物全体を使用でき、食用作物に適さない土壌でも栽培可能です。	原料繊維を糸にするまでに比較的長い時間を要するため、生産・販売価格が高額になります。生地はしわになりやすく、正しく洗わないと縮みやすい性質があります。
生分解しやすく、複雑な化学的工程を経ずとも耐久性に優れた生地に仕上がります。オーガニックコットンの場合は無農薬の土壌で栽培されるため、水利用効率が高くなります。	極めて大量の水を必要としますが、主に乾燥地域でほかの水源からの灌漑を行って栽培されます。オーガニック栽培でない場合、大量の農薬が用いられます。ただし、オーガニックコットンは全体の1%にすぎません。「オーガニックテキスタイル世界基準(GOTS：Global Organic Textile Standard)」認証付きのものを探しましょう。
短期間で成長し、農薬を必要とせず、水使用量は綿に比べはるかに少なくて済みます。また、生産コストも低く、耐久性の高い生地がつくれます。	一般的に、サステナブルな方法で栽培されている保証がなく、製造には集約的な工程を必要とし、発生した化学廃棄物の大半が環境に流出しています。
天然の抗菌性があり、湿気を逃がし、身体を温かく、あるいは涼しく保てる温度調節作用があります。長持ちし、頻繁に洗濯する必要はありません。低温での洗濯が可能です。	商業的牧羊農場は、多くの合成繊維素材よりも環境に大きな負の影響を及ぼします(36〜37ページを参照)。廉価なウールは、動物虐待が横行する農場で生産されているケースも少なくありません(エシカルなウールについては、「責任あるウール規格(RWS：Responsible Wool Standard)」の認証を確認しましょう)。
絹には未染色のものや天然染料を用いたものがあります(GOTS認証があるものを探しましょう)。蚕を犠牲にせずに加工された「ピースシルク」や、強度は同等ながら小麦や酵母、砂糖を原料とする人工絹(スパイダーシルク)もあります。	一部の絹は、製造に化学物質や有毒な染料を使用します。大半の商業的養蚕場では、シルクの原料となる糸を取り出すために蚕を殺すため、「ヴィーガン」とはみなされません。

衣類からマイクロプラスチックが
海に流出するのを防ぐには？

地球上のあらゆる場所で発見されているマイクロプラスチックの大部分は、
衣類から排出されたものです。マイクロプラスチック削減のために、
私たちに貢献できることをしましょう。

　合成繊維の衣類が洗濯機内で擦れ合うと、その摩擦によりプラスチックの細かな繊維が取れ、水とともに流されます。これがマイクロプラスチックと呼ばれるものです。長さにして5ミリ未満の細かな繊維で、あまりに微小なため洗濯機や下水処理場のフィルターでは捕らえきれません。現在、マイクロプラスチックは水道システムや氷山、魚、食品などに存在し、海岸線上のあらゆる場所で、また海のあらゆる深度で発見されています。

　合成繊維は、耐久性をもたせるために化学物質でコーティングしてありますが、その多くは、知らずに摂取するおそれのある動物にとって有害なものです。10年間でも着続けられるフリースコートが欲しい人にとっては合成繊維は理想的な素材かもしれません。それでも、マイクロプラスチックが地球を汚染し、食物連鎖にまで浸透していることを考えると素晴らしいとは言えないでしょう。

　繊維の排出量が最も多いのはアクリルで、その量はポリエステルの1.5倍、ポリエステルと綿の混合素材の5倍にものぼります。しかも、デリケートモードで洗濯した場合、通常モードよりもマイクロファイバーの排出量がさらに多くなることが分かっています。通常より多くの水量を使うので、繊維が洗い流されやすくなるためでしょう。

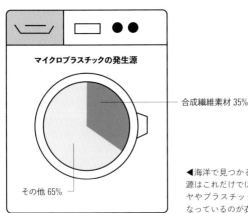

マイクロプラスチックの発生源

合成繊維素材 35%

その他 65%

◀海洋で見つかるマイクロプラスチックの発生源はこれだけではありませんが（自動車用タイヤやプラスチック廃棄物など）、最大の要因となっているのが衣類です。

では、これほど深刻なマイクロプラスチック問題を軽減するために、私たちには何ができるのでしょうか？

●マイクロプラスチックをキャッチできる洗濯ネットや洗濯ボールを**購入しましょう**。極めて目の細かいメッシュでできており、プラスチックの粒子を逃しません。

●可能であれば**天然素材に切り替えましょう**（94ページを参照）。

●できるだけ**洗濯の回数を減らしましょう**（次の項を参照）。

●**洗濯するときには**、洗濯機を十分な量の衣類で満たせば摩擦が減り、排出される繊維を削減できます。低温で洗濯し、タンブル乾燥機を使わないようにするのも

（99ページを参照）、衣類から排出されるマイクロプラスチックの削減に役立ちます。

1回の洗濯で70万本以上のマイクロファイバーが
排出されることもあります。

●新しい洗濯機を**お探しなら**、マイクロプラスチック用フィルター内蔵の製品を購入するといいでしょう。また、お手持ちの洗濯機に取り付けられるフィルターの購入もおすすめです。

衣類はどのぐらいの頻度で洗濯するべき？

朗報です！ 環境のためにできる簡単な方法のひとつは、
洗濯の頻度を減らすことなのです。

洗濯回数を減らすと、使用するエネルギーや洗剤を削減（98ページを参照）できるうえ、海洋に流出するマイクロプラスチックも減らせます。一度着ただけの衣類をすべて洗濯機に詰め込んでしまわず、より丁寧に取り扱うよう心がけるといいでしょう。脱いだものは置きっぱなしにせず、きちんとしまえば、洗濯の頻度を減らせます。

当然、下着のように一度着るたびに洗濯が必要な衣類もありますが、なかには思っているほど頻繁に洗濯せずに済むものもあるかもしれません。

●**天然素材**は、合成繊維素材ほど頻繁に洗

濯する必要はありません（94ページを参照）。ウールや絹の洗濯には、低温（30度）のデリケートモードに設定すると、エネルギーを節約でき、生地の傷みも防げます。

●**小さな染み**を落とすには、丸ごと洗うより、部分洗い（汚れ部分を手でこすり洗いすること）のほうがグリーンです。

●**ジーンズについては**、デニム愛好者には、洗濯せずにできるだけ長く着るよう推奨しています。洗うときには低温の水で手洗いし、つり干しにして乾かすと長持ちします。

最もグリーンな洗濯方法とは？

洗剤カプセルや液体洗剤はもう忘れてしまいましょう。
繰り返し使え、最後は責任ある方法で捨てられるものを選べば、
環境への影響を軽減できるうえに、お金の節約にもなります。

　洗濯は地球に大きな負担をかけます。米国の平均的世帯の洗濯回数は年間400回で、洗濯1回当たりの水使用量は最大で182リットルにも達します（縦型のほうがドラム式よりも水使用量が多めです）。また、洗濯機のエネルギー消費量の75〜90％は水の加熱によるものです。

　一般的な洗濯洗剤には、リン酸塩（生態系をかく乱する物質）、漂白剤、石油化学製品、パーム油、ラウリル硫酸ナトリウム（SLS）などの有害物質が含まれます。また、液体洗剤や洗剤カプセルが入っているのはプラスチック製のボトルやタブ型容器ですが、ほとんどがリサイクルできません。

　その代用品としてふさわしいのは、植物由来の原料を用い、使い捨てプラスチックのパッケージングを使用しない、環境に優しい洗濯洗剤です。

　プラスチック製の卵型ケースに天然ミネラルの粒が入った「エコエッグ（ecoegg）」は、内部の粒がお湯と混ざると反応し、生地から汚れを浮かせ、衣類を柔らかくします。刺激の強い化学物質は含まれていないため、敏感肌の方にも適しています。内部の粒は約70回分の洗濯に使用可能です。

　もうひとつのおすすめは、ソープナッツと呼ばれる木の実です。綿の袋に入れたソープナッツとともに衣類を洗濯すると、お湯に反応してサポニンという天然の石鹸のような化学物質が放出され、しみや汚れを落としてくれます。また、ソープナッツは数回繰り返して使えます。その効果について懐疑的な人もいますが、インドでは何世紀も使われてきたものです。弱流や低温では効果を発揮できませんが、費用対効果が高く、プラスチック包装もなく、ネット上で簡単に入手可能です。

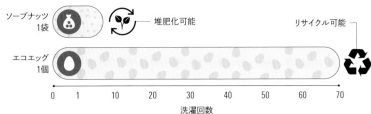

▼一般的な洗濯洗剤は再使用できませんが、ソープナッツは約5回、エコエッグは約70回使用できます。

洗濯パウダー
スプーン1杯

ソープナッツ
1袋　　　　　堆肥化可能

エコエッグ
1個　　　　　　　　　　　　　　　　　　リサイクル可能

0　1　　10　　20　　30　　40　　50　　60　　70

洗濯回数

従来型の洗濯洗剤の使用を完全にやめたくない場合は、カプセル入り洗剤から洗濯パウダーに替え、生分解性がある植物由来のものを探しましょう。また、パッケージングにボール紙を用いた製品をなるべく大容量で購入するか、詰め替えタイプを選ぶといいでしょう。探すなら「ゼロ・ウェイスト」の店がおすすめです（詳細は115ページを参照）。また、柔軟剤の代わりにホワイトビネガーを使うのもナチュラルな方法です。

衣類による環境への影響の **80%** は、洗濯に起因します。

エネルギー消費量を削減するには、もっと多くの衣類を低温や手洗いで洗濯できないかを考えてみましょう。デリケートな衣類やジーンズのようなアイテムは、低温すぎでも問題ありません。また、衣類の種類によっては洗濯の頻度を減らせるものもあるでしょう（97ページを参照）。

洗濯ものを乾かすのにいちばんいい方法とは？

今こそ、昔ながらの乾かし方に立ち戻ってみましょう。地球もお財布も喜んでくれるはずです。

衣類乾燥機で乾かしたタオルのふわふわな温かみがお気に入りだとしても、それは地球に優しい乾かし方ではありません。乾燥機は米国の75%の世帯で使用されていますが、エネルギー消費量が最も高い家電のひとつです。また、平均的な乾燥機は1回の使用で二酸化炭素を1.8キログラムも発生させるため、使い続けるとあっという間に膨大な量になってしまいます。

さらに、乾燥機内で衣類どうしで摩擦が起きると、合成繊維の生地からマイクロプラスチックが排出され、やがて海洋に流出します（96ページを参照）。海洋マイクロプラスチックの35%は合成繊維を用いた衣類に由来しており、洗濯機や乾燥機を介して排出されています。

本書には数多くの複雑な問題が登場するものの、この問題はそうではありません。自然乾燥に切り替えて、屋内用の物干しスタンドや、お住まいの地域で禁止されていなければ庭やベランダの物干し台で干せばいいだけです（禁止されている場合は自治体の議員にルール廃止を訴える手紙を書きましょう！）。これは地球のためになるだけでなく、乾燥機の使用はコストも割高なので、お財布のためにもなります。

「衣料品の総消費量は、
今後10年で63%の
増加が予測されます」

ドライクリーニングのグリーンな利用方法はある？

「ドライクリーニングのみ」という手強い表示がついている衣類は、維持費用が高く、不便なことも少なくありません。加えて、水供給システムや人体に影響を及ぼすおそれもあります。

簡潔に言うと、答えは「ノー」です。ドライクリーニングはまったくグリーンではありません。最近ではきれいになってしっかりプレスされた衣類に、生分解性のビニールカバーをかけているクリーニング店もあるのですが、ドライクリーニングの工程そのものはおそらく変わっていないはずです。

ドライクリーニングは実際に「ドライ」なわけではありません。それでもこのような名称がついているのは、単に水を使用しないからです。過去何十年ものあいだ、ドライクリーニングの工程にはパークロロエチレン（通称「パーク」）が使用されてきました。これは環境に悪影響を及ぼすのみならず、発がん性があるとされる化学物質です。また、パークロロエチレンにより発生する有害廃棄物は、適切な管理が行われなければ水供給システムに浸出するおそれもあります。現在では、かつてほど世界中で見かけるわけではありませんが、いまだに多くの国で広く使用されています。しかも、企業がパークロロエチレンの使用を控えたいがために、単に別の有害な溶剤に切り替えている場合もあるのです。

お手持ちの衣類に「ドライクリーニングのみ」という表示がついているなら、「ウェットクリーニング」をしてくれるクリーニング店を探してみるといいでしょう。これは人工的な化学物質の代わりに水で洗う環境に優しい方法です。また、溶剤として液化炭酸ガスを使用しているクリーニング店を探すのもおすすめです。聞こえは良くありませんが、実際には汚染を引き起こすものではなく、炭酸飲料にも使用されるガスです。別の産業で副生物として発生した二酸化炭素を用いており、繰り返して数回分の洗濯に使用できます。

ドライクリーニングの化学的工程以外の問題は、ハンガー産業に寄与している点です。年間に製造・破棄されるハンガーは80〜100億本にものぼります。プラスチック製と金属製のハンガーはいずれもリサイクルが困難なため、通常は埋め立て処分するほかありません。

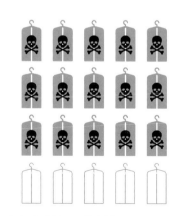

▲インドの調査では、検査を行ったドライクリーニング済み衣類のおよそ75％からパークロロエチレンが検出されました。

ヴィーガンレザーは、
本革よりも環境に優しいの？

ヴィーガンであればどんなものでも地球への影響を抑えられるわけでは
ありません。最終的には、あらゆる問題を比較検討し、自分の価値観に
合った解決策を見つけるという、一人ひとりの選択にゆだねられます。

本革は、動物福祉に関する問題や、なめしや染色に使用される化学物質の問題など、多数のマイナス要素を抱えています。多くの本革は、クロムやアルデヒドなどの化学物質で処理されているため、水路汚染の一因にもなります。ただし、何にでも手軽でサステナブルな代用品が見つかるわけではありません。本革もそのひとつです。「ヴィーガンレザー」は、優れた代用品のように聞こえますが、決して目新しいものではありません。本来は、エシカルな目的のためではなく、本革の廉価な代用品として開発された「合成皮革」とも呼ばれる素材です。動物由来の原料は含まれないものの、やはり環境にとって良いものではありません。ほとんどのヴィーガンレザーは、ポリウレタン（PU）やポリ塩化ビニル（PVC）という、いずれも複雑で有毒な工程を経て

レザーのように仕上げたプラスチック素材です。合成素材であるため、生分解しません。またラミネートされた表面はすぐにひび割れてしまい、廃棄後はほとんどが埋め立て処分されます。一方、本革は長持ちし、修理も簡単なうえ、生分解性があり、多くの場合は肉や乳製品の副産物です。

合成皮革メーカーのなかにも、ほかに比べてグリーンな企業もあるとはいえ（EU諸国では、化学物質を取り扱う産業のための規則「REACH（化学物質の登録、評価、認可及び制限）」に準拠しているかを確認しましょう）、自社のサプライチェーンに高い透明性があるファッションブランドはわずかです。それでも、ヴィーガンレザーに再生ポリエステルを用い、溶剤を使用しない努力をしているエシカルなブランドもあります。ただし、このようなレザーは価

合成皮革の靴の
耐用期間は平均
1〜2年

本革の靴は十分な
手入れをすれば、
一生履き続けられます。

▲靴1足当たりの製造工程でのダメージの側面は、耐用
年数や履く頻度と照らし合わせて考えることが重要です。

格が割高です。

また、合成皮革よりも環境への影響が少ないマッシュルームやリンゴ、ルバーブなどを原料にした野菜や果物に由来するヴィーガンレザーも増えつつあります。パイナップルの繊維が原料の「ピニャテックス（Piñatex)」は、そのメタリックな仕上がりが人気です。

環境に優しい本革としては、本来であれば廃棄される断ち落とし部分を用いて製品をつくっているブランドもあります。加えて、植物性染料の使用や職人による製作のほか、再生可能エネルギーを用いて製造工程でのエネルギー消費量を相殺する取り組みなども見られます。

一人ひとりの選択は、価値観や優先する環境問題によってそれぞれ異なるでしょう。最もグリーンな選択肢は、あらゆる種類のレザーの購入を控えるか、中古品を購入することです。

スパンコールはどのぐらい地球に悪影響を及ぼすの？

ささやかなきらめきは、あなたを魅力的に見せてくれるかもしれません。
それでも海にとっては悩みの種なのです。

通常のスパンコールの原料であるポリ塩化ビニル（PVC）プラスチックの製造工程では、大量のプラスチック廃棄物が発生します。また、PVCに含まれるフタル酸エステル類は、食物連鎖に入り込むと、動物や人間のホルモン異常をきたすおそれのある化学物質です。

小さくてキラキラしたスパンコールは（たいていは洗濯中に）衣類から外れると、土壌や河川を汚染し、その多くが海に流れ込んで、やがて魚が餌と間違えて食べてしまうおそれもあります。またスパンコールの組成とその小ささから、リサイクルもできません。スパンコール付きの衣類は着古されずに捨てられることの多いアイテムです

が、皮肉にもプラスチック部分は今後何世紀も残存し続けるのです。

グリッター（ラメ）もまた、エコにとっての悪夢です（こんなこと言うと、パーティがしらけてしまいますね）。

もしすでにスパンコールのあしらわれた服がタンスにいくつか入っているのであれば、廃棄せずに、何らかのかたちで循環され続けるようにしましょう。なかには生分解性のスパンコールやグリッターもあるものの、そのほとんどにはやはり少量のプラスチックが含まれます。ですから最善策は、そういったもので装飾された衣類は買わないことです。プラスチックのキラキラなどなくたって、あなたは十分に魅力的なのですから。

環境に優しい眼鏡やサングラスとは？

環境について考えるとき、真っ先に眼鏡を思い浮かべる人は
いないかもしれませんが、日常で購入する（眼鏡も含めた）
あらゆるものを見直せば、変化を起こせます。

　先進国では4分の3の人が眼鏡をかけており、サングラス使用者はそれ以上の数になります。けれども、それらが及ぼす環境への影響について考えたことはあるでしょうか？

　眼鏡は複数の素材（アルミやチタンなどの金属類やプラスチック）でできており、リサイクル施設での処理が困難です。一方、極めて廉価なサングラスは100％プラスチック製で、すぐに捨てられてしまうため、たいていは埋め立て処分場のごみを増やすばかり。それでは、どうすればサステナブルに眼鏡と付き合っていけるのでしょうか。

- <input disabled="" type="checkbox" checked=""> サステナブルに調達された竹
- <input disabled="" type="checkbox" checked=""> 再生プラスチック
- <input disabled="" type="checkbox" checked=""> 金属
- <input disabled="" type="checkbox"> アセテート
- <input disabled="" type="checkbox"> 新品のプラスチック

▲新品でサステナブルでない素材の代わりに、サプライチェーンに透明性のある天然由来素材やリサイクル素材を用いた眼鏡を選びましょう。

- ●木材パルプを原料とする**アセテート**は、「サステナブル」と表示されていても、管理の行き届かない工場で有害物質を使用して製造されているものが多いので**購入は控えましょう**。アセテート製のフレームは、プラスチックや木を用いたフレームのようにはリサイクルできません。生分解性の「バイオアセテート」もあるものの、生分解にどのぐらいの期間を要するのかはメーカー側にも分からないようです。

- ●サステナブルに調達された木や竹、再生プラスチックなどの**天然素材**や再生素材を用いたフレーム、あるいは自動車のダッシュボードや古い冷蔵庫からのプラスチック廃材を使って3Dプリントでつくったフレームを**探してみましょう**。

- ●社会に還元している**企業から購入しましょう**。収益を教育プログラムや眼鏡の寄付活動に充てている企業のほか、不要になった眼鏡やサングラスを回収し、必要としている人に届けているブランドもあります。

- ●使用できなくなった**眼鏡はリサイクルしましょう**。プラスチック製やガラス製のレンズは資源ごみとして出せる場合もあります。

サステナブルな
ジュエリーであるかどうかを知るには？

地球に害のないかたちでジュエリーを身につけたいなら、
サステナブルな原料が使用されているかどうか、また原料がどのように
採取されたかを考慮に入れると、グリーンな選択をする助けとなるでしょう。

廉価なジュエリーには、プラスチックや金属合金を原料にしているものが少なくありません。そのようなアイテムは粗雑なつくりで変色しやすいため、再使用やリサイクルされずに埋め立て処分される傾向にあります。

一方、銀や金は長持ちしますが、購入の際には産地の確認が必要です。ほとんどの貴金属の採掘には有害な抽出方法が使用されているほか、森林伐採、土壌や大気の汚染を引き起こし、野生生物にも悪影響を及ぼします。また採掘産業には、劣悪な人権侵害の歴史があります。世界で採掘されるすべての金のうち、ジュエリーに用いられるのは50％近くにのぼりますが、その大半は小規模鉱山で労働者（子どもを含む）が基本的な道具のみを与えられ、水銀などの有毒物質に接触せざるをえない状況で採掘したものです。宝石についても、サプライチェーンが不透明で、危険な労働環境下でサステナブルでない採掘が行われている場合が多いため、注意が必要です。

グリーンにジュエリーを楽しむには、慎重に選び、長く使い続けるように心がけましょう。

● **普段使いのジュエリーには**、有名ブランドのものは避け、地元でつくられたアイテムを探しましょう。木や竹を使ったものや、アップサイクルされたものもおすすめです。自転車のタイヤチューブを用いたイヤリングや、細く切ったTシャツを結んでつくったネックレス、裁断したエアートランポリンを材料にしたブレスレットなど、可能性は無限大です！

● **金や銀を購入する場合は**、エシカルに採掘されたことを保証するフェアトレードやフェアマインド（Fairmined）の認証を確認しましょう。ただし、これらの認証付きのものは世界の供給量の1％程度にすぎません。また、代わりにリサイクルゴールドやリサイクルシルバーを購入すれば、バージン材を消費せずに済みます。

リサイクル素材を利用すれば、
ジュエリー製造による環境への
影響を**95％**削減できるでしょう。

● **人工のダイヤモンドや宝石を選びましょう**。人工のものは天然石と化学的にまったく同じであるものの、環境への影響が少なく、コストもはるかに安価です。宝石の調達方法や調達元を公開しているデザイナーから購入するのもいいでしょう。

● **ジュエリーを大切に扱いましょう**。長く使い続けられるように安全に保管し、水に濡らさないでください。

● 古くなったジュエリーは、**寄付したり、売却したりしましょう**。使用できなくなったものを回収してリサイクルする組織や慈善団体も多数あります。

衣料品のリサイクルはなぜ大切なの？

衣料品の製造・輸送・販売には、大量の資源を必要とします。
グリーンであるためには、捨てずに済むようにあらゆる努力をしましょう。

　過去数十年間のうちに、私たちが購入する衣料品は2倍になりました。世界全体では毎年800億点以上の衣料品が製造されますが、それには膨大なエネルギー、原材料、化学物質、労働力、そして水が必要です。綿のシャツを例にすると、1枚の製造に約3,000リットルもの水を使います（詳細については90ページを参照）。

　当然ながら、それだけの衣料品が本当に必要なはずもなく、多くはすぐに捨てられてしまいます。米国では1人当たり年間約36キログラム分もの衣類が廃棄されます。

　一方、リサイクルされる量は、それには到底及びません。英国では衣類のリサイクル方法を知らない人が41％にものぼります。リサイクルされない衣類は、最終的に埋め立て処分か焼却処分され、やがて製造に用いられた化学物質から有毒ガスが発生するのです。

　環境のために最も手軽にできる対策は、手持ちの衣類を大切に扱い、最大限に活用することです。これは、あなたが着ているあいだだけではなく、着なくなった後にも当てはまります。

新品のシャツ　　譲る　　ほころびを繕う　　リサイクルショップへ

埋め立て処分場へ　　自動車用シートの詰め物に　　リサイクル用に裁断　　アップサイクルでワンピースに

▲衣料品の寿命は、あなたが着なくなった時点で終わらせる必要はありません。ほかの人に譲ったり、リサイクルして別の目的に転用したりできます。

衣類に関して言えば、「リサイクル」とは、自分が使わなくなった後にも寄付したり、売ったり、新しいものにつくり変えてくれる場所に送ったりして、活用し続けることなのです。

世界で**廃棄されるすべての衣類**のうち、**再使用または****リサイクル**されるものはわずか20%にすぎません。

衣類の寿命を延ばせば新しいものを買い足さずに済むため、製造に使用されるエネルギーや資源の影響を軽減できます。さらに、ほかの人にそれを着てもらえれば、その人も新品を購入せずに済むでしょう。

着られなくなってしまった衣類は、「衣類バンク」やその他の衣類リサイクル施設に持ち込むといいでしょう。回収された衣類はその後、自動車用シートの詰め物やグレードの低い繊維製品として再販されます。衣類にはいくつかのライフステージがあると考えてください。単に工場から店舗、クローゼット、そしてごみ箱へと一直線で終わらせず、補修、アップサイクル、補正、譲渡、転用などによって活用し続けられるようにしましょう。

靴のリサイクル方法とは？

まだ履ける靴とそうでない靴で、リサイクルの方法は異なります。

まだ履ける状態の靴はすべて、シューズバンクや古着屋に持ち込むか、必要としている人に靴を寄付する地元のプログラムや、特定の種類の靴が必要な人にそれを届ける国際的プログラム（ネパールのシェルパに登山靴を送るなど）に寄付するといいでしょう。

どれだけ多くの靴が廃棄されるかを考えると（米国では年間3億足もの靴が捨てられるという報告もあります）、履けなくなった靴をリサイクルできる方法はあまりにも少ないと言えます。満足のいく解決策と呼ぶにはまだほど遠いものの、現在できること

をいくつかご紹介しましょう。

● 自社製品の靴を回収してリサイクルしている**ブランドから購入しましょう。**

● **良質の靴を購入しましょう。** ワンシーズンしかもたないファストファッションブランドの靴ではなく、長く履けて、修理可能で、本当に気に入った靴に投資するのをおすすめします。

● **履き古した靴を修理しましょう。**

● プラスチック不使用の靴、サステナブルに製造された靴、あるいは生分解性の**靴を選べば、**やがて埋め立て処分されても、長期的な影響を軽減できます。

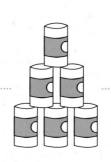

グリーンな買い物とは

できるだけグリーンに
食料品を購入するには？

毎週毎週、仕事の後や週末に行う食料品の買い出しは、
私たちの生活の大切な一部です。
重要なのは、どこで、どのように買い物をするかです。

多くの人々の日常生活に欠かせない存在である大型スーパーマーケットは、地球に悪影響を及ぼしうる数々の慣行とつながっています。年間を通じて幅広い製品を膨大な数の買い物客に提供するには、複雑な世界的サプライチェーンの構築が必要です（この問題の重大性については118〜119ページを参照）。また、スーパーマーケットが大きく依存するプラスチックや防腐剤、加工食品は、いずれも環境にとって厄介な存在です。

さらに、スーパーマーケットの店舗内での問題もあります。店舗では大型の冷蔵庫や冷凍庫、照明、冷暖房などに膨大なエネルギーを消費するためです。

加えて、食品廃棄物の問題も挙げられます。スーパーマーケットは農家や供給業者から規格外の生鮮食品を受け入れないため、膨大な無駄を発生させているのです。レタスの場合、全体のおよそ19％は消費者の手に渡らないまま廃棄されているといいます。英国全体で見ると、栽培されても店頭にたどり着く前に廃棄される食品は年間10億ポンド相当にのぼりますが、この問題の主な原因はスーパーマーケット側が要求する品質基準にあるのです。

▼食品の購入・入手方法の優先順位を示したピラミッド。できるだけ低い段を活用しましょう。

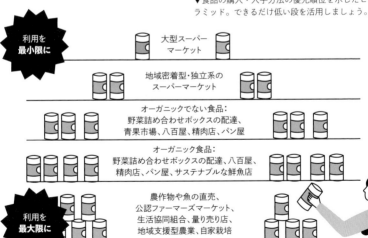

利用を最小限に

大型スーパーマーケット

地域密着型・独立系のスーパーマーケット

オーガニックでない食品：
野菜詰め合わせボックスの配達、
青果市場、八百屋、精肉店、パン屋

オーガニック食品：
野菜詰め合わせボックスの配達、八百屋、
精肉店、パン屋、サステナブルな鮮魚店

利用を最大限に

農作物や魚の直売、
公認ファーマーズマーケット、
生活協同組合、量り売り店、
地域支援型農業、自家栽培

ポジティブな変化

　ただし、嬉しいニュースもあります。スーパーマーケット業界にも、サステナブルでないシステムから抜け出そうという取り組みを始めている人々がすでにいるのです。2019年には、英国の複数のスーパーマーケットが2030年までに食品廃棄物を50%削減するという誓約書に署名しました。また、オーストラリアの一部スーパーマーケットは、それよりも早い段階でこの削減目標の達成を目指しているといいます。さらに、以前であれば廃棄されていたようなふぞろいで規格外の野菜や果物を販売するスーパーマーケットも増え続けているほか、売れ残った食品を廃棄する代わりにフードバンクや慈善団体に回す取り組みも盛んです。とはいえ、食べられる食品の廃棄をスーパーマーケットに禁じる法律が制定されたフランスの例のように、できることはまだあるはずです。

2018年に**英国のスーパーマーケット**で発生した**プラスチック廃棄物**は**80万トン**にのぼります。

　また多くの国において、インフラ面でもよりグリーンなスーパーマーケットが増えており、郊外の大型スーパーマーケットでも太陽光発電の活用や、LED照明の導入、電気自動車用充電器の設置などの取り組みが見られます（建物の屋根にソーラーパネルを設置するなどして再生可能エネルギーを蓄電・放電すれば、さらにグリーンになるでしょう）。いつも利用するスーパーマーケットがエネルギーを自給自足し、グリーンテクノロジーの拠点となる日が来るかもしれないのです。

　食品購入にあたっては、個人レベルでも環境負荷の軽減に貢献できる方法がたくさんあります。

● **ファーマーズ**マーケットや、地元の「ゼロ・ウェイスト」の店、農産物直売所をできるだけ**応援しましょう**。プラスチック包装を削減できるだけでなく、地元のサプライチェーンも支援でき、力強い地域経済を築く助けとなります。

● 店まで自動車を運転して行く**必要がある場合**は、温室効果ガス排出量の多い移動を最小限に抑えるために、買い物の頻度を週1回にするよう心がけましょう。もちろん、店まで徒歩や自転車で行けるなら頻度を気にする必要はありません。食品を無駄にしないよう心がけながら（詳細は26〜27ページを参照）、各家庭に最適な方法で食料を調達してください。

● 店まで運転する代わりに、食料品の配達サービスの利用を**検討しましょう**。利用するスーパーマーケットが電気自動車で配達していれば、なお理想的です！

● 大容量の**食材を購入**して、持ち帰るプラスチックの量を削減しましょう。

● **紙のレシートは断りましょう**。レシートの紙は複数の原料からできているため（インクではなく感熱紙を使用しています）、リサイクルできません。可能なら、代わりに電子レシートをもらいましょう。

いちばんグリーンな買い物袋は、紙、プラスチック、それとも綿？

買い物袋については、抱えきれないほどの情報があって戸惑うものです。実のところ、プラスチック不使用でも必ずしもグリーンだとは言えません。重要なのは、そのバッグが捨てられるまでに何回使われるかです。

使い捨てのプラスチック製の袋（レジ袋）を使うべきでない理由は山ほどあります。レジ袋の原料は、急速に枯渇しつつある化石燃料の石油です。また、滅多にリサイクルされません。世界では年間5兆枚が消費されるにもかかわらず、リサイクルされるのはたった1%ほどです。廃棄後は劣化して細かく砕けてマイクロプラスチック（96ページを参照）となり、河川に流入し、やがて食物連鎖に入り込みます。さらに、多くのレジ袋が最終的に海に流れ込み、年間10万匹以上もの海洋生物がレジ袋を食べて死にいたります（およそ3匹に1匹のオサガメの胃の中にレジ袋が混入しているとされ

ます）。

使い捨てレジ袋は何としても使わないのがもはや常識ですが、代用となる袋について詳しく調べてみると、問題は複雑化してきます。それぞれがグリーンかどうかを判断するには、製造工程で使用される資源やエネルギーの量、どれだけ長く使い続けられるか、リサイクル可能であるか、廃棄後には分解されるのかといったライフサイクル全体を考慮する必要があるからです。

紙袋の製造に必要なエネルギーは、使い捨てレジ袋の4倍にのぼり、レジ袋に比べて重量があるため、輸送時の二酸化炭素排出量も多くなります。さらに、サステナブ

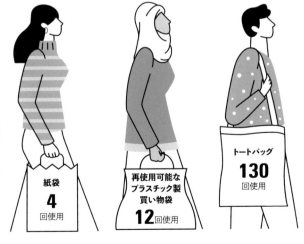

▶使い捨てレジ袋に比べて「よりグリーン」とされる買い物袋の環境負荷を、レジ袋よりも少なくするには、何度も繰り返して使用する必要があります。

紙袋
4
回使用

再使用可能な
プラスチック製
買い物袋
12回使用

トートバッグ
130
回使用

ルな調達が行われた木材を使用していない場合は、製造が森林伐採につながります。これらすべての要素を考慮すると、紙袋の場合はサステナブルな木材を用いて4回以上使用すれば、ようやくレジ袋に比べてグリーンだと言えるのです。

　一方、綿のトートバッグの場合は130回以上使用しないと、製造に要する資源とエネルギーの効率面ではレジ袋を上回りません。ただし、綿などの天然繊維を用いたバッグには、廃棄後に環境汚染を引き起こさないというプラス面もあります。おすすめは、ストリングバッグと呼ばれる紐をメッシュ状に編んでつくった袋です。トートバッグに比べ使用する資源が少なく、小さく丸めればポケットやハンドバッグにも入

るうえ、耐久性にも優れています［日本の場合、風呂敷を使うのもおすすめです］。

　再使用可能なプラスチック製買い物袋は、薄手のレジ袋よりもはるかに負荷が大きい場合も少なくありません。これについては次の項を参考にしてください。また、買い物袋をよりグリーンに使用するには、素材を問わず袋の数自体をできるだけ少なくするのも大切です。

●紙、プラスチック、綿などの素材にかかわらず、手元にある**買い物袋**を、できるだけ長く使い続けましょう。

●外出時には、繰り返し使える買い物袋を**必ず持参しましょう**。そうしないと、すぐに自宅や車内に買い物袋の山ができてしまいます。

プラスチック製の「エコバッグ」は本当にエコなの？

繰り返し使える丈夫なプラスチック製買い物袋は、グリーンなチョイスとして宣伝されますが、実際のところはどれだけ活用できるものなのでしょうか？

　使い捨てレジ袋については、多くの国でその使用を抑制する動きが見られます。英国ではレジ袋を有料化した結果、海岸で見つかるレジ袋の数が40%も減少しました。多くのスーパーマーケットでは、もはや使い捨てレジ袋は提供しておらず、代わりに「Bag for life（一生使えるバッグ）」と呼ばれる何度も使える買い物袋を用意し、壊れたら無料で交換するサービスを導入しています。ところが、この厚手で丈夫な袋はレジ袋に比べてプラスチック使用量も、製造時の温室効果ガス排出量も多いのです。そのため、実際には12回以上使用しない限り、

従来のレジ袋よりも地球への影響が大きくなってしまいます。米国の場合、このタイプの買い物袋は平均3回程度しか使用されていません。つまり、現時点では、少なくとも環境保護活動家や政府が期待したほどの「夢の解決策」にはなっていないのです。

米国の買い物客の**40%**が、買い物に繰り返し使える買い物袋を持っていくのを**頻繁**に忘れてしまうと回答しています。

プラスチック製容器よりもガラス製や
金属製の容器に入った商品を選ぶべき？

商品がいくつかの異なる素材のパッケージに入って売られているときには、
素材そのものよりも、その容器を繰り返し使って
容器の寿命を延ばせるかどうかを重視して選ぶといいでしょう。

　基本的には、繰り返し使えるものなら、どんなものでも使い捨てプラスチックよりは良いと言えます。プラスチックは枯渇性の資源を原料とし、甚大な汚染を発生させ、リサイクルされるたびに劣化していきます。そのなかでも必ず避けたいのが黒いプラスチックです。ほとんどのリサイクル施設で使用されている機械は、ベルトコンベア上で黒いプラスチックを検知できないため、リサイクルされずに埋め立て処分場に送られてしまうのです（24ページを参照）。

　また、「バイオプラスチック」として知られる"植物由来"のプラスチックは環境に優しそうな響きですが、業務用の堆肥化施設で処理されない限り、通常のプラスチックと同様に劣化して細かく崩れ、有害なマイクロプラスチックになってしまいます。

再生アルミニウムを用いた缶の製造は、新品のアルミニウムを用いた場合に比べ**エネルギー使用量を95%節約**できます。

　金属やガラスはリサイクルが容易です。ガラスびん入りの商品を購入し、あとで別のものを入れて使ったり、中身を詰め替えたりして再使用できれば理想的です。

　とはいえ、プラスチック製の代わりにガラス製や金属製の容器を選ぶのが常に望ましいわけでも、ましてや可能なわけでもありません。リサイクル可能なプラスチックは地域によって異なるので、どのタイプのプラスチックが埋め立て処分の対象である

▲プラスチックはリサイクルを繰り返すたびに汎用性が効かなくなっていくため、ライフサイクルが短い傾向にあります。

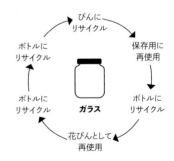

▲ガラスはリサイクルしても質が劣化しません。そのため永久的に再使用や別の用途への転用ができます。

かを調べておくといいでしょう。また、パッケージの素材にかかわらず、それがどのように製造されたのかや、リサイクル素材を使用しているか、どのように輸送されたのか、どこに廃棄されるのかを考慮することが大切です。金属、ガラス、プラスチックはいずれも、それぞれのライフサイクルの異なる部分において長所と短所があります。そのため、絶対的に環境に優しいと言えるパッケージは存在しないのです。

　清涼飲料水の選び方を例にして考えてみましょう。この場合、最も良いのは（アルミに比べて輸送時のエネルギー消費量が高い）ガラスボトル入りではなく、再生アルミニウムを用いたアルミ缶入りです。ですがプラスチック製ボトルと比べるなら、ガラスとアルミはどちらも好ましい選択肢だと言えます。ただし、ガラス製や金属製のボトル入り清涼飲料水を購入した場合は、必ずリサイクルしてください。いずれのボトルも、プラスチックに比べて製造時の二酸化炭素排出量が多くなりがちなので、リサイクルすることで、新しいボトルをいちからつくらなくてよくなり、二酸化炭素の排出量を削減できます。

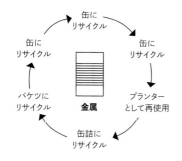

▲アルミやスチールなどの一般的な金属も永久的にリサイクル可能です。

「ゼロ・ウェイスト」の店の仕組みとは？

「ゼロ・ウェイスト」の店の爆発的人気は、無駄や二酸化炭素排出量の多いスーパーマーケットからの歓迎すべきシフトだと言えます。

「ゼロ・ウェイスト」（または量り売り）の店の多くでは、パッケージされていない乾物や洗剤などが販売されており、買い物客は必要な分を量り分けたり、持参した容器に入れたりして購入します。またほとんどの店では、容器も販売しているほか、返却用容器や乾物用の紙袋も提供しています。購入する重量に応じて支払うシステムであるため、（店にとっても、買い物客にとっても）過剰なパッケージの必要性が減り、多くの場合は価格も通常より安価です。スーパーマーケットでは、商品価格のおよそ7％をパッケージ代が占めているとされます。さらに、「ゼロ・ウェイスト」の店で購入すれば、短いサプライチェーンへの投資にもなり、輸送距離の短い食品が買えるのです。

　ほとんどの「ゼロ・ウェイスト」の店では、地元で調達した果物や野菜、パン、卵から、蜜蝋ラップや、竹製歯ブラシといったプラスチック不使用の生活必需品までを販売しています。必要な分をぴったり量り取れたり、空になったプラスチックボトルに中身を補充して埋め立て処分から救えたりしたときの満足感は何とも言えません。それに、地元のビジネスの応援にもなります。あなたが苦労して得たお金を地元で循環させることもぜひ忘れないようにしましょう。

ネットショップと実店舗での買い物、よりグリーンなのは？

買い物による環境への影響は、購入方法によって大きく異なります。
実店舗とネットショップのどちらで買うか迷ったときに
考慮すべき要素をいくつかご紹介します。

できるだけグリーンな方法で買い物をするにはどうしたらよいかというのは難しい問題ですが、重要なポイントは、エネルギー、燃料、そしてパッケージです。

エネルギーと燃料

実店舗は、ネットショップよりも多くのエネルギーを消費します。買い物客に快適な環境を提供するのに店舗の照明や冷暖房などが必要なためです。また、店舗までの移動手段が自動車の場合は、枯渇性燃料を消費し、二酸化炭素を排出してしまいます。ただし、地元で買い物をするなら、徒歩や自転車、公共交通機関で行けるでしょう。一方、ネットショップの場合、配達車は一度に大量のアイテムを輸送でき、消費者の元に商品が届くまでの往来数が少なくて済むため、各自が自動車で店に買いに行くよりも燃料効率が高くなります。さらに、配達に電気自動車を利用したり、配達のカーボンオフセットに努めたりしているブランドが見つかれば理想的です。すべての消費者がネット上だけで買い物をした場合、エネルギー使用量と二酸化炭素排出量を35％削減できるという調査結果もあります。ただし、この数値は“すべて”の消費者が、実店舗で“まったく”買い物しないという前提なので、少なくとも短・中期的に実現するものではありません。2020年以前の長期的なトレンドを見てみると、ネットショッピングが世界的に拡大しているからといって、実店舗の客数が同ペースで減少しているわけではないのは明らかです。つまり、私たちは実店舗とネットショップの両方で、かつてないほど多くの買い物をしているわけです。

パッケージ

消費者が使い捨てレジ袋の使用を控えるようになった一方で、ネットショッピングによる配送量の増加に伴って、気泡緩衝材

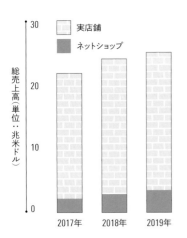

▲購買活動は世界的に増加しており、環境への負の影響も同様に増加が見られます。

やクッション封筒、ビニール封筒、バラ緩衝材などのパッケージ使用量が増大しています。17カ国のネットショッピングのトレンドを調査した報告書によると、中国の北京では平均で1人当たり年間70個もの小包を受け取るそうです。このような増加を踏まえると、パッケージは二酸化炭素排出量や汚染の悪化に加担していると言っていいでしょう。廃棄物管理に積極的なブランドや、パッケージにリサイクル素材やリサイクル可能な段ボールを用いているブランドに注目したいものです。

店舗までの**平均的な距離の運転**に伴う**二酸化炭素排出量**は、**ネットショップ**から配送した場合の**24倍**にのぼります。

よりグリーンなショッピングを目指すには

　ネットショップであれ、典型的な店舗であれ、買い物の際は長距離輸送を必要とする商品は購入せず、サプライチェーンの短い店を選ぶようにしましょう。ネットショッピングでは購入先をなるべく少なくして、複数の商品をひとつにまとめて注文し、必要なパッケージや小包の数を減らしてください。また、返品も控えましょう（次の項を参照）。そして何よりも購入量を減らすことが重要です。購入方法を問わず、消費量そのものを減らすという選択こそが、最もグリーンなのです。

ネットショッピングでの返品が問題になっている理由とは？

ネットショッピングでは驚くほど手軽に返品ができるようになっています。ただし、返品にコストがかからないからといって、地球にも負担がかからないわけではないのです。

　ネットショッピングが非常に便利な理由のひとつは、返品の手軽さです。いくつもの商品を注文して、当たり前のようにそのほとんどを返品する人も多く、なかには衣料品を一度だけ着てから返却するのが習慣になっている人さえいます。オーストラリアでは、ネットで購入された商品の小包が1日当たり200万個配達されますが、そのうち衣料品の小包は3個に1個の割合で返品されているそうです。また先進国では、ネット上で購入された衣料品の返品率が50％近くに達している地域もあります。

　路上を走る配達車両の増加や大量の国際小包の空輸は、二酸化炭素排出量の激増を招きます。加えて、返品後の商品は、再び販売されずに埋め立て処分に回されるものも少なくありません。これは、再びパッケージに手間をかけるよりも廃棄したほうが採算性が高いためです。

　環境負荷を軽減するには、できるだけ返品を控えることが重要です。返品が必要になりそうなものは実店舗で購入するようにし、返品を当然だと思わずに、やむを得ない場合のみの手段にしましょう。

サプライチェーンが短いほうが
環境に優しいのはなぜ？

サプライチェーンは短いほど望ましいと言えます。
製造から手元に届くまでのステップが短いほど、地球には優しいのです。

　サプライチェーンとは、製品をいちから
つくり、消費者の手に届けるまでのすべて
のステップを意味します。過去100年で、
グローバル企業は海外の安価な労働力や原
材料に加え、各国の税制優遇措置を活用す
るようになり、サプライチェーンはかつて
ないほど複雑化しました。食品や物品につ
いては、栽培と加工、パッケージがそれぞ
れ異なる国で行われているケースも珍しく
ありません。とはいえ、長期的なサステナ
ビリティのためには、短いサプライチェー
ンが不可欠です。それにはいくつもの理由
があります。

廃棄物の削減

　サプライチェーンを短くすれば、廃棄物
を削減できます。食品産業については、そ
れが顕著です。米国とカナダでは、不適切
な保管や輸送時の損傷、ずさんな在庫管理
などにより、食品の40%がサプライチェー
ン上で廃棄されているそうです。世界全体
で見ると、消費者に届く前に廃棄される食
品の量は、世界人口の半分を養えるほどだ
といいます。畑から食卓までのステップを
短縮できれば、無駄になる可能性が減り、
生産者とのつながりも深まるでしょう。消
費者は生産者を認識できると、食品により
高い価値を感じられるものです。そうすれ
ば家庭で食品を無駄にしてしまうことも少
なくなるかもしれません。

平均的な企業による**環境負荷
の90%**は、**サプライチェーン**
に起因しています。

パッケージと排出量の削減

　サプライチェーンを短くすると、パッケー
ジの削減にもつながります。食品の長距離
輸送では、損傷を最小限に抑え、鮮度を維
持するために、膨大な量のプラスチックが
使用されます。それとは反対に、輸送距離
の短い食品はプラスチックを使用せずに最
小限のパッケージだけで済ませられる場合
もあります。地元の供給業者に対してパッ
ケージを最小限にするよう依頼する店やレ
ストランも増加しつつあり、また商品を出
した後のパッケージを捨てずに再使用する
工夫も多く見られます。さらに、サプライ
チェーンの短縮により輸送距離が短くなれ
ば、輸送に伴う二酸化炭素排出量の削減も
可能です。商業船の二酸化炭素排出量は世
界全体の2.1%を占めるばかりか、海洋汚
染を悪化させ、海洋生態系を破壊している
のです。

▼サプライチェーン上のステップが多いほど、カーボンフットプリントの追跡が困難になります。

農場

スーパーマーケット　　工場　　卸業者　　農場

複雑なサプライチェーンにはこれよりもはるかに多くのステップが存在します。

パン屋　　製粉会社　　農家

地元企業の応援

　サプライチェーンが短いと、あなたが使ったお金を地元で循環させて数々のメリットをもたらせます。地元地域に力を注いでいる企業の経営者は、社会の環境を改善する取り組みを積極的に支援する傾向があります。このような取り組みは新しいビジネスを増やし、それが雇用の増加につながります。そして雇用された人々もまた地元経済にお金を投じるようになるでしょう。さらに、人は地域社会とのつながりが強いほど、幸福度が高いという研究結果もあります。サプライチェーンを短縮すれば、過去数十年間にグローバル化やアウトソーシングによって失われた人間的要素を、ビジネスや小売業に取り戻せるのです。食品などの商品がどのように生産され、輸送され、販売されているか、また、サプライチェーンがよりサステナブルになるよう積極的に取り組むにはどうすればいいかについて、「ゼロ・ウェイスト」の店のような事業者は、話し合ったり学んだりする機会を顧客や従業員に提供してくれます。

アカウンタビリティ

　アカウンタビリティ（説明責任）も、短いサプライチェーンによってもたらされる重要な利点です。サプライチェーン上に誰がいるかが分かれば、必要に応じて責任を追及したり、基準の改善を求めたりしやすくなります。ファストファッションのような一部のグローバル産業（90〜91ページを参照）では、サプライチェーンが複雑で不透明になり過ぎているため、私たち消費者には、衣料品がどこで、誰によって、あるいはどのような条件下で製造されたのかが分からず、もっと環境に配慮するよう企業に強く働きかけるのが困難になっているのです。

できるだけグリーンな家具を選ぶには？

環境に配慮しながら家具を揃えたいなら、工具の準備、中古品の購入、
サステナブルな素材選びの3点を心がけましょう。

グリーンであるためには、購入前に自分のニーズを疑問視するのが大切です。すでにもっているものの修理やアップサイクルはできませんか？　それが無理だとしても、新品だけに限定して家具を探す理由はありますか？　ないのであれば、ぜひ中古家具店やネット上のマーケットプレイスを覗いて、「誰かにとってのガラクタは、誰かにとっての宝もの」という格言を実感してみてください。ぴったりの中古品を見つけたときのスリルはなかなか味わえないものです。

どうしても新品の家具を購入する必要があるなら、その家具の製造地と原料のリサーチが不可欠です。バージン材を用いる家具は、製造と輸送に多くのエネルギーを必要とします。さらに木材の種類によっては、森林伐採や違法伐採などのサステナブルでない方法で調達されているものも少なくありません。木製家具を購入するなら、知らず知らずのうちに先住民の土地の濫用や野生動物の生息環境の破壊を後押ししてしまわないように気をつけましょう。

森林の18%は保護されている一方、残り82%は破壊の危機に瀕しています。

サステナブルな方法で栽培された木材を選びましょう。木製品に付いているFSC（森林管理協議会）のロゴは、使用した木材が責任ある方法で調達されたことの証明です。ほかにも、竹などの希少性の低い天然素材を用いたものを選ぶのもいいでしょう。

地元の職人から手づくり家具を購入するのもおすすめです。それなら製造や輸送による二酸化炭素排出について心配する必要がありません。また、子ども用ベッドにもなるベビーベッドなどのように、長く使い続けられる多機能な家具や調節可能な家具を検討してみるのもいいでしょう。

信頼性の高いエシカル認証を受けていない安価なブランドには注意が必要です。またそのような家具は、必ずと言っていいほど長持ちしません。修理したり、別の用途に再使用できる家具であるかどうかも考慮してください。複数の素材からできた製品は、リサイクルのみならず、修理さえも困難な場合があります。「リサイクル可能」というラベルも疑ってみたほうがいいでしょう。理論的にはリサイクル可能な素材だとしても、実際にはリサイクルできる施設が見つからない場合もあるからです。また、合成素材の家具を買うときには、有害な**揮発性有機化合物**＊（VOC：Volatile Organic Compounds）を発生させるものに注意してください（122ページを参照）。

長持ちする家具を選び、できるだけ長く使い続け、そして最終的には誰かに譲るようにしましょう。

サステナブルな素材を選ぶには

　一般的な家具の素材と、ユニークでグリーンな素材のいくつかを表に示しました。この表にない素材については、ネットで調べるか、メーカーに問い合わせてみてください。

家具用素材

木材

アッシュ材、ブナ材、オーク材、パイン材は、家具や建具の素材として人気が高いものの、いずれも欧州やロシアでは過伐採されている木材です。また、より厳格な保護を必要とする天然林から伐採されているケースも少なくありません。ダグラスファー（米松）やヒノキは、米国やカナダ、ブラジルの天然林で産出されたものが多く、違法な伐採により、鳥や魚などの野生動物の繊細な生態系を危険にさらしています。

どの種類の木材を購入する場合でも、FSC認証（169ページ参照）の有無や再生木材であるかを事前に確認しましょう。

中密度繊維版（MDF）

廃棄物や廃木材を用いて安価に製造できますが、発がん性が疑われる尿素ホルムアルデヒド樹脂を接着剤として使用しているものが少なくありません。また、MDFのリサイクル施設はわずかしかないため、一般的には埋め立て処分され、やがて有害物質が地中に浸出するおそれがあります。

竹

成長が早く、用途も広く、見た目よりもはるかに丈夫な竹は、多くの場合、家具の素材として極めて環境に優しいものだと言えます。サステナブルに調達されたものを選びましょう。ただし、竹はFSC認証の対象となっているとはいえ、厳密には木ではなく草であるため、認証を取得済みの竹林は多くありません。

金属

おすすめはスチールとアルミニウムです。いずれも高い割合でリサイクルできます。

再生プラスチック

プラスチックは、ペレットにしたり、木材のように見える板がつくれるので、屋外や路上の公共物に最適です。プラスチック廃棄物を増やさないためにも、購入するなら必ず再生プラスチックを原料にしたものを選びましょう。

段ボール

意外なことに、段ボールは椅子やベッドフレームとして優秀な素材です。軽量で調整しやすく、移動も簡単で、リサイクルもすぐにできます。ネットで購入するか、自作するといいでしょう。

グリーンな内装を目指すには、どんなものを買うべき？

幅木の仕上げであれ、新しいキッチンの設置であれ、
環境を守るためのより良い選択肢は豊富にあります。

環境に優しい内装プロジェクトを目指すなら、まずは取り外すものや交換するものを、リサイクルしたり、譲ったりできないか必ず検討してください。工具は電動でないものを使い、日曜大工に用いる材料はプラスチックの容器ではなく紙箱や缶入りのものを、できればまとめ買いしましょう。

さらに塗料を選ぶ際には、揮発性有機化合物（VOC）の含有量が多いものは避けてください。VOCは揮発しやすく、有害な気体となります。その多くは、吸入するとがんやその他さまざまな健康被害を誘発するものです。数年前までは、家庭用塗料にVOCが含まれているのは一般的でしたが、現在ではツヤあり・ツヤなしの家庭用塗料のほとんどがVOC含有量を大幅に低減しています。おすすめは、チョークや植物性染料、鉱物、陶土を用いた「通気性のある」塗料です。ビニールや油類、石油化学系溶剤を含む塗料はサステナブルでなく、動物や人間に害を及ぼすおそれもあるので避けてください。また、塗料を国内で製造していて、動物実験を行っておらず、責任ある廃棄物ポリシーを設けている塗料メーカーを探すといいでしょう。

壁紙については、そのほとんどがあまり環境に優しいとは言えません。耐久性をもたせるためにビニールでコーティングされているものが多く、その複雑な構造によりリサイクルができず、生分解もされないためです。おすすめは、サステナブルな森林から調達したリサイクル可能な紙に、無害な水性インクでプリントしたプラスチック不使用の壁紙です。壁紙用のりについても、動物由来の成分や有害な溶剤を含まないものを選んでください。

木製のキッチンユニットや床には、必ずリサイクル材やサステナブルな調達による木材を選んでください。ほかにも、ペットボトルを再利用したフローリングの下地や、海洋から回収したプラスチックごみを溶かしてハードワックスのように見せたキッチンカウンターなど、革新的な素材の採用を検討してもいいでしょう。環境に優しいこのような素材には高価なものもありますが、需要の高まりとともに価格も安くなりつつあります。

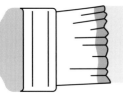

1リットル分の塗料の製造によって最大で**30リットル分**もの有害廃棄物が発生します。

▼すべての花が環境に優しいわけではありません。ここに示したのは、英国で販売されている3種類の切り花の二酸化炭素排出量です。

1本あたり約
3.5
キログラム

オランダで
温室栽培されたユリ

1本あたり約
2.4
キログラム

ケニアで
屋外栽培されたバラ

1本あたり約
10
グラム

英国内で
栽培されたキンギョソウ

切り花を買うのは問題ない？

切り花産業も大きな二酸化炭素排出源です。
花屋に届くまでに何千キロもの距離を空輸されてくる花もあるためです。

世界の切り花の大半は、ケニア、エクアドル、コロンビアのわずか3カ国で栽培されています。事実、英国と米国で購入されている花の80%は輸入品です〔日本における切り花の輸入割合は約25%〕。

切り花は、通年の需要に応えるために、人工的な光や熱を大量に用いて季節を問わず栽培されます。また、栽培に使用される農薬や成長調整剤などの化学物質は、土壌や野生生物に悪影響を及ぼし、水中に流れ込むと富栄養化を引き起こすおそれがあります。

収穫後の切り花は保護用プラスチックに包まれ、保冷した状態で飛行機や自動車によって世界中の花屋に届けられますが、これが著しい環境負荷を発生させるのです。米国では毎年バレンタインデーに1億本の

バラが売れますが、その二酸化炭素排出量は9,000トンにものぼります。グリーンに花を楽しむには次の点を心がけましょう。

● なるべく**地元で栽培された花を購入しましょう**。「フェアトレード」マークがついた花は、生産者が環境や労働者に責任ある対応をしていることを示しています。

● 国際的チェーンやオンラインチェーンではなく、**サステナビリティに焦点を当てた**地元の花屋を利用しましょう。

● ラッピングには**プラスチックを使わないように頼み**、サステナブルでないプラスチック製の吸水スポンジを使用しているフラワーアレンジメントは購入しないようにしましょう。

● 切り花の**代わりに**、季節の鉢植えを選べば、花束よりも長く楽しめます。

「何もかも捨てて、いちから
買い直すのではなく、
今あるものを長く使い
続けられるようにしましょう」

お弁当箱や水筒などの再使用できるアイテムを買ったほうがいいの？

食べ物用や飲み物用の繰り返し使えるアイテムが人気ですが、
日常的に使うアイテムは、すでにあるものを活用するのが
最もサステナブルな方法だと言えます。

正しい動機に基づいて使い捨てプラスチックに反対しているとしても、それを口実に購入量を増やしてしまわないよう気をつけなければなりません。グリーンな生活をするには、「サステナブル」な代用品にすべて買い替えるのではなく、購入量を減らして、今あるものをできる限り長く使い続けることが大切です。つまり、自宅にまだ使えるプラスチック製食品容器があるなら、おしゃれな「ゼロ・ウェイスト」のお弁当箱を買いたい衝動にかられても我慢しなければなりません。

水筒も使い捨てプラスチックを削減するうえでは素晴らしいアイテムであるとはいえ、遠く離れた工場で製造された安価なステンレス製ボトルや再使用可能なプラスチック製ボトルは購入すべきではありません。水筒を購入するなら、愛着をもって大切に使えて、どこにでも持っていきたくなるようなもので、かつ環境のために明確な社会貢献モデルを設けている企業の製品を選ぶといいでしょう。なかには、水筒の利益の一部を、安全な水を供給するためのプロジェクトに充てている企業もあります。

プラスチック製ストローは社会で広く敬遠されるようになってきました。プラスチックは丈夫なため、障がい者にとっては最適な素材である場合も多いのですが、大半の人にとっては、スチールや竹、ガラス、あるいは元祖ストロー（！）とも呼べる麦わらを用いた、より環境に優しいストローでも支障はないはずです。紙製のストローはすぐにふやけてしまううえ、通常はリサイクルできないので使用は控えましょう。

コーヒー用のマイカップも人気です。詳しくは60ページを参照してください。

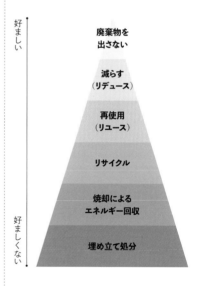

好ましい

廃棄物を出さない

減らす（リデュース）

再使用（リユース）

リサイクル

焼却によるエネルギー回収

埋め立て処分

好ましくない

▲行動の優先順位を示した「廃棄物ヒエラルキー」。今あるものを繰り返し使うほうが、新しいものに買い替えるより好ましいと言えます。

環境に優しいプレゼントの贈り方とは？

贈り物には（「安すぎた？　高すぎた？」といった）罪悪感がつきものですが、近年では、膨大な量の品の贈り合いや、返品によって生じる環境への影響に対しても不安がつきまとうようになっています。

プレゼントを贈り合うのは楽しいものですが、多くの人はもらったものを必ずしも気に入っているわけではないようです。米国のある調査では、クリスマスでもらったプレゼントを店に返品した経験が1回以上ある人が、調査対象者の40%にのぼりました。では、そんなプレゼントの無駄を減らすにはどうしたらいいのでしょうか？

環境に配慮したアプローチを取るからといって、誕生日や記念日、成功のお祝いをやめる必要はありません。もし相手が必要としていたり、欲しがっていたりするものを具体的に知っているのなら、ぜひそれをプレゼントとして購入するといいでしょう。一方、知らない場合は、地球の資源を枯渇させたり、すぐにごみ箱行きになってしまったりしないプレゼントを考えてみてください。

2018年、オーストラリアでは

1,000万個

もの喜ばれない
プレゼントが贈られました。

誕生日のお祝いとして人気が高まりつつある寄付金集めもそのひとつです。お祝いをしてもらう本人が、特定の慈善団体や目的に寄付できるウェブサイトのリンクを家族や友だちに送り、プレゼントを買う代わりに寄付してもらうのです。

贈る相手が子どもの場合は、プレゼントを贈るべきかを親御さんに確認してみるといいでしょう。多くの親御さんは、子どもがもらうプレゼントの数を減らしたいと思いつつも、相手の気を悪くせずにそれを切り出す方法が分からずにいるものです。パーティの招待状に「プレゼント不要」と書いてある場合は、そのリクエストを尊重しましょう。

「グリーンな生活」というプレゼントを贈りたいなら、次のようなアイデアを試してみるのはいかがでしょうか。

- ●モノの代わりに、日帰り旅行やスパ、コンサートなどの楽しい体験をプレゼントしましょう。
- ●プレゼントを**手づくり**したり（食べ物なら喜ばれることも多いでしょう）、過去に自分がもらい、使っていないプレゼントを活用したりしましょう。
- ●贈る相手の名前で、**植樹**や慈善団体への寄付、絶滅の危機に瀕している動物の支援をしましょう。
- ●子どもに贈るなら、すぐに捨てられてしまうおもちゃを買う代わりに、口座に**送金**するのもおすすめです。

ラッピングペーパーの
グリーンな代用品とは？

プレゼントを包むのが好きな人にも、面倒な人にも、
否定できない事実がひとつあります。
それは、ラッピングが地球にとって決して嬉しい贈り物ではないということです。

ラッピングペーパーは環境に深刻な問題を引き起こします。製造に木材や膨大な水を要するという点でほかのあらゆる種類の紙と同じなだけでなく、何と言っても、そのほとんどがリサイクルできません。ラッピングペーパーがリサイクル可能であるかどうかを確認するには、丸めてみたり、破ってみたりしてください。丸まった状態を維持できない場合や破れにくい場合、おそらく原料は紙だけではありません。つまり、埋め立て処分になります。紙にセロハンテープやグリッター、プラスチック製のリボンなどの飾りが付いている場合も、リサイクルできなくなります。

先進国のラッピングに対する欲求はとどまるところを知らず、相当なエネルギー負荷を発生させています。フランスでは毎年クリスマスに2万トンものラッピングペーパーが購入され、ドイツでのラッピングペーパー製造に要する1年間のエネルギー使用量は、小さな町ひとつの1年分の電力使用量に匹敵するほどです。

それでは、ラッピングペーパーの使用量を減らしつつ、プレゼントを見栄えよくする方法をご紹介します。

●ラッピングには100％リサイクル可能な**クラフト紙**や新聞紙を使いましょう。セロハンテープは使わず、代わりに紐やリボン、あるいはプラスチック製粘着剤を用いていないリサイクル可能な紙製テープを使いましょう。また、プラスチック製のリボンやグリッターの代わりに、季節の植物の小枝など、自然の飾りを使うのもおすすめです。自家製の植物性染料を使って無地の紙にデザインを描いたり、紐に色をつけたりして、オリジナルのラッピングペーパーをつくる作業は、子どもたちも楽しんでくれるでしょう。

英国では、**毎年クリスマスに22万7,000マイル分**（約36万5,000キロメートル分）のラッピングペーパーが使用されます。

●**風呂敷**を利用し、布のラッピング方法に挑戦してみましょう。オンラインショップではオーガニックコットンの風呂敷も購入できます。また、正方形の余り布を使って手づくりしてもいいでしょう。贈り物が美しく見えるだけでなく、受け取った相手はその風呂敷をまた活用できます。ネット上では、さまざまな形のプレゼントを包む方法がたくさん見つかります。

●ラッピングペーパーや、紙袋、リボン、その他の飾りを**保管して、再使用しましょう**。プレゼントのラッピングは、何もかも新たに買い揃える代わりに、手元にあるものを工夫して活用するチャンスです。

グリーティングカードは
環境にどれだけ悪影響を及ぼすの？

多くの人にとってカードを贈り合うのは楽しいものですが、
使用される紙やプラスチック、そして二酸化炭素排出量を加味すると、
地球に嬉しいメッセージを送っているとは言えません。

郵便で送られる平均的なグリーティングカードは、製造から廃棄までに1枚当たりおよそ140グラムの二酸化炭素を発生させるとされます。それだけ聞くと取るに足りないと感じるかもしれませんが、それが積み重なると驚くほど気候変動に影響することが分かります。世界全体で1年間に購入されるカードは約70億枚なので、98万トンの二酸化炭素が大気中に排出されている計算になるのです。

英国で購入されたカードのうち、**リサイクルされるのは33%**にすぎません。

英国は1人当たりのカード送付数が最も多い国です。カード購入数も年間20億枚以上にのぼり、その半数がクリスマスシーズンに集中しています。

それでは、環境への影響を抑えつつ、大事な人にあなたの気持ちを届けられる方法をご紹介します。

●**カードを手づくりして**、新品のカードの製造に要するエネルギーを削減しましょう。リサイクル素材のカードを使えば、環境にはさらにプラスです。受け取った人は、あなたが心を込めて手づくりした

その努力に、いっそう感激してくれるでしょう。

●**カードを購入するなら**、サステナブルに栽培された素材やリサイクル素材を用いているかを確認しましょう（欧州内であれば、FSCのロゴを探してください）。また、セロハンの袋入りでないカードを選んでください。セロハンの袋は、実はリサイクル可能ですが、大半は埋め立て処分されるためです。地元のアーティストやデザイナーがつくったカードを購入すれば、輸送による二酸化炭素排出量を削減し、自分のお金を地元経済で回せるうえ、大企業に比べて一般的に環境への影響が少ない独立系企業を応援できます。なかには、カードに「シードペーパー」と呼ばれる花の種を埋め込んだ紙を使用しているメーカーもあります。受け取った人がそれを植えると、カードは捨てられた後も新たな役割を果たせます。グリッター（ラメ）付きのものはリサイクルできないため、必ず避けてください。

●**相手が地元にいて**、そのためだけに自動車を運転する必要がないなら、郵送ではなく、**直接届けましょう**。

●**Eカードもおすすめです**。材料を一切必要とせず、二酸化炭素排出負荷も大幅に削減できます。

クリスマスツリーは本物の木と
プラスチック製のどちらを買うべき？

クリスマスを祝う習慣がある人々にとっては、おなじみのジレンマです。
人工のツリーなら毎年本物の木を切らずに済みますが、
本当にそれが環境に優しい選択肢なのでしょうか？

人工のクリスマスツリーは枯渇性の石油由来のプラスチックを用いて製造され、その多くは工場から小売店まで長距離輸送が必要です。本物の木を毎年飾るよりもエネルギー効率が優れていると言うためには、人工ツリーを10年以上使う必要があります。また、たとえそれより長く使用できたとしても、人工ツリーは廃棄後に生分解されません。人工ツリーの分解に要する期間についての統一見解はありませんが、1920年代の発売からこれまで製造されてきた人工ツリーのほとんどは、今も埋め立て処分場に残り続けていると考えていいでしょう。よりグリーンなのは本物の木のツリーです。適切に管理されたツリー農園で、毎年新たなツリーが植えられているのであれば、本物のツリーはサステナブルな資源だと言えます。ツリーが2メートルに達するには7年間を要しますが、その間ずっと二酸化炭素を吸収し続けます。英国で常時およそ1億本栽培されているクリスマスツリーは、重要な炭素吸収源となっているのです（12ページを参照）。

グリーンなクリスマスを目指すなら、サステナブルに栽培されただけでなく、地元で栽培されたツリーにすれば、輸送による負荷も軽減できます。また、鉢植えのツリーを購入した場合は、炭素吸収源としての寿命を延ばすために、クリスマス後にほかの鉢に植え替えたり、庭に植えたりするといいでしょう。地域によっては、鉢植えのツリーのレンタルもできます。返却後のツリーは、最終的に地面に植え替えられるシステムになっています。

本物のツリーを処分するときには、ツリーを堆肥化できるリサイクル施設に持っていきましょう。英国では毎年およそ700万本のツリーが埋め立て処分されますが、空気の欠如した処理場で分解されると強力な温室効果ガスであるメタンを発生させてしまいます。堆肥化できない場合、次に望ましい方法は安全に焼却することです。

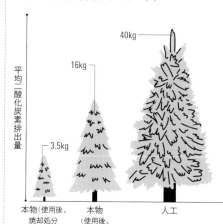

▲ライフサイクル全体（廃棄を含む）の二酸化炭素排出量を見ると、本物のツリーのほうが環境に優しいことが分かります。

花火は環境にどのぐらい
悪影響を及ぼすの？

花火は、どんな場面も特別にしてくれます。
とはいえ、その美しい爆発が地球にどれほどの
ダメージをもたらすかを知れば、歓声も悲鳴に変わるでしょう。

花火が打ち上げられると、二酸化炭素や金属、その他の有害物質の極めて細かい粒子が放出され、それが大気を汚染し、健康にも害を及ぼします。米国では、花火によって年間6万トン以上もの二酸化炭素が排出されます。中国では旧正月の前後に大気汚染の急激な悪化が報告されることも珍しくはなく、ときには危険なレベルにさえ達するほどです。

花火は河川上空で打ち上げられる場合も多いため、花火に含まれる硫黄、硝酸カリウム、木炭などの物質は、大気のみならず河川も汚染し、水生生物を損ないます。また色を表現するために添加されている金属物質も、土壌に浸透すると酸性度を上昇させ、やがて動植物の健康に悪影響を及ぼします。加えて、多くの花火の覆いに用いられるプラスチック製のケーシングも、打ち上げ時に破砕してマイクロプラスチックとなり、土壌や水中に残り続けるのです（96ページを参照）。

特別なお祝いを計画するときに、本当に花火は必要でしょうか？　代わりにレーザーショーにしてもいいのでは？　国民的な行事に花火を楽しみたいのであれば、自宅で花火を打ち上げる代わりに公共のイベントに足を運びましょう。

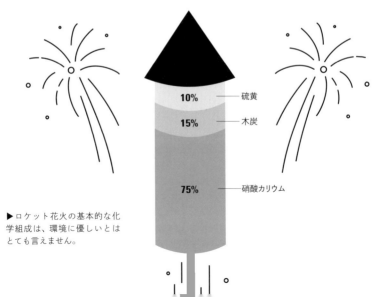

10% ── 硫黄

15% ── 木炭

75% ── 硝酸カリウム

▶ロケット花火の基本的な化学組成は、環境に優しいとはとても言えません。

グリーンなパーティを開くには？

みんなが好きなパーティも、多くの飾りや風船による
地球への負荷を考えると決して嬉しい気分にはなれません。
幸い、環境に優しいパーティにするための工夫もできます。

装飾用のストリーマー［飾りリボン］やガーランド［ひもにオブジェを取り付けた室内の飾り］の多くはプラスチック製で、使い捨てを前提に製造されています。問題となりうるのは紙吹雪も同じです。屋外で使用すると拾い集めるのが非常に難しいので、河川に流れ込んだり路上のごみになってしまいがちですが、動物が誤ってそれを食べてしまう危険があります。

風船を飛ばすのも素敵なお祝いの仕方ではあるものの、それがどこに行き着くのかを考えたことはあるでしょうか？　古い風船は、海に入ればカメやイルカにとって美味しそうなごちそうに見えてしまうおそれもあります。また、陸地では小動物に絡まってしまうかもしれません。

風船によってはどちらかというと環境への影響が少なめのものもありますが、やはりいずれも問題が伴います。ゴム風船の原料はゴムの木から採取したラテックスです。ゴムの木のほとんどは、小規模農家が経営する栽培場で栽培されます。世界の風船産業に必要な1,600万本の木は年間3億6,300万キログラム以上もの炭素を大気中から固定化しているという推定もあり、これらの栽培場は地球の生態系にプラスの貢献をしていると言えるでしょう。ただし、ゴム風船は厳密には生分解性であるものの、廃棄から分解されるまでには何年もかかり、そのあいだに海や陸に散らばっていくものもあ

ります。このほかに、「天灯（スカイランタン）」も同様の問題を引き起こします。使用されている紙は生分解に長期間を要し、金属製のフレームは動物に害を与えるおそれがあるためです。そのうえ、火がついたまま着地すると火災の危険性もあります。

ヘリウムガス入りの風船も厄介です。地球上の供給量に限りがある不活性ガスのヘリウムを急速に消費するためです。マイラー［ビニール箔］バルーンも完全には生分解されません。

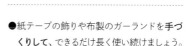

**鳥が風船の断片を
誤食すると、**
ハードプラスチックを
食べたときに比べて
致死率は32倍にもなります。

- ●紙テープの飾りや布製のガーランドを**手づくり**して、できるだけ長く使い続けましょう。
- ●**紙吹雪の代用**として、花びらなどの自然の素材を探しましょう。また水に触れると溶解するものや、種を混ぜた堆肥化可能な紙を用いたものもあります。スパンコールやグリッターは使用しないでください（103ページを参照）。
- ●**ラテックス製ゴム風船のみを使用**し、空に飛ばさないようにしましょう。

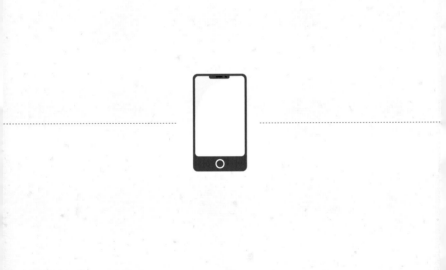

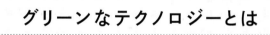

グリーンなテクノロジーとは

最もグリーンな再生可能エネルギーとは？

化石燃料から再生可能エネルギーへの切り替えは、
環境のために簡単に取り入れられる転換のひとつです。
エネルギー市場の仕組みを理解しておくと、その転換の助けとなるでしょう。

石炭や石油、ガスなどの化石燃料を燃焼させる火力発電の影響については、これまで十分に実証されてきました。化石燃料は、温室効果ガスの排出のみならず、**フラッキング（水圧破砕法）**＊［シェール・オイルやシェール・ガスを生産するための水圧破砕による坑井掘削］がもたらす土地への打撃、枯渇性化石燃料の輸入に伴うさらなる排出負荷、輸入への依存が及ぼす地域社会のレジリエンス（力強さ）への潜在的な影響など、数々の懸念を伴います。

再生可能なエネルギー源

風力、太陽光、水力、（植物性廃棄物や、ときには動物のフンも利用する）**バイオマス**＊は、いずれも**再生可能エネルギー**＊ですが、それぞれに長所と短所を抱えています。（いずれもリサイクルできない）風力タービンやソーラーパネルの場合、設置に材料とエネルギーが必要です。水力発電ダムも同じことが言えるうえ、森林破壊や、野生生物と住民の強制的な移住を引き起こすおそれもあります。一方、長所を挙げると、これらのエネルギーは絶えず利用可能（バイオマスの場合は補充可能）であるため、長期的に見ると枯渇性エネルギーを燃やす場合に比べて環境負荷を抑えられます。

転換の推進

自家発電をしていない限り、家庭用電力のエネルギー源はひとつではありません。

これは、再生可能エネルギーに限らずあらゆるエネルギーを電源とする電力が、全国高圧送電線網に送られるためです。グリーンな電力のみを使いたい人なら、この状況に苛立ちをおぼえるかもしれません。それでも、グリーン電力料金プランに切り替える人が増えれば増えるほど、電力供給事業者は化石燃料脱却への圧力を感じるようになるでしょう。

明るい材料もあります。アイスランド、ノルウェー、ケニアなどのいくつかの国々では、電力がほぼ完全に再生可能エネルギーによって供給されているのです。ほかにも、オーストラリアでは風力発電と太陽光発電の需要が世界平均の10倍のペースで増加しており、一部の州ではすでに電力の50％が風力発電と太陽光発電でまかなわれています。またドイツでも、使用された全エネルギーに占める再生可能エネルギー（バイオマスを含む）の割合が、2019年に50％近くに達しました。

英国では、**2019年**に再生可能エネルギーの利用が**化石燃料を初めて上回りました。**

供給事業者を変更するなら、比較サイトや銀行などが提供するサービスを利用すると便利です。また、自家発電用設備に投資するの

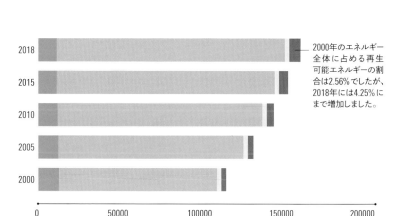

▼世界の再生可能エネルギー発電による電力量は、過去20年間で大幅に増加しました。

従来のバイオ燃料　原子力
石炭・石油・ガス　再生可能エネルギー

2000年のエネルギー全体に占める再生可能エネルギーの割合は2.56%でしたが、2018年には4.25%にまで増加しました。

発電電力量（単位：テラワット時）

もいいでしょう。これには初期費用が発生しますが、長期的に見ると非常にサステナブルです。自家発電に利用できるのは、主に風力発電と太陽光発電となっています。

　それでは、化石燃料から脱却するための方法をご紹介します。

● **グリーン電力料金プランに切り替えましょう。** 再生可能エネルギーだけを提供する電力供給事業者を探してください。エネルギー源は明確に説明されているはずですが、明確でなければ供給事業者に確認しましょう。ヴィーガンの方は、バイオマスガスに動物由来の副生物を使用しないことを保証している供給事業者を探すのもいいかもしれません。

● **枯渇性資源による電力を供給している事業者を選択する場合は、** 原子力エネルギーやフラッキングなどに関するその事業者の価値観が、自分の価値観と一致し

ているかどうかを確認しましょう。

● 平均的な1世帯分の電力をまかなうには**およそ16台のソーラーパネル**が必要です。米国など多くの国々では、ソーラーパネルを全国高圧送電線網に接続して、余剰電力を供給事業者に買い取ってもらえます。さらに、サステナブルな蓄電池を用いれば、独立した状態での蓄電も可能です。なかには、ソーラーパネルの小型化や薄型化、また家庭用蓄電池の容量拡大に取り組んでいる大手企業もあります。

● **家庭用風力タービン**には、0.5ヘクタール以上の土地が必要です。ソーラーパネルと同様に送電線への接続や蓄電もできます。

● **地域マイクログリッド**なら、一般的に風力や太陽光を用いて、特定の村や遠隔地域の電力をまかなえます。このようなシステムは、適切な管理が行われれば効率性も費用対効果も高くなります。

家庭内での最もグリーンな暖房方法とは？

グリーンな暖房を目指すなら、エネルギー消費量を抑え、
最も効率の高い暖房システムを見つけ、
再生可能エネルギーを利用した電力に切り替えましょう。

　二酸化炭素を過剰に排出する航空業界やファッション業界が批判の的となっている一方で、実は同様に巨大な排出源となっているのが一般家庭です。深く考えずに部屋の温度を1度上げるだけで、大気中への二酸化炭素排出量は年間350キログラムも増加します。それが何百万世帯分にも膨らめば、どれほど大きな問題となるかは明白です。家庭の暖房による影響を最小限に抑えるためのポイントは、主に次の3つの点に分けられます。

●可能なら**再生可能エネルギーを使いましょう**。石炭やガスは化石燃料なので、決してグリーンとは言えません。オラン

ダをはじめとする多数の国では、新築住宅での化石燃料の使用を禁止しています。一方、多くの人にとって既存の住宅で暖房システムを交換するのはあまりにも高額です。代わりに、お住まいの地域で選択可能なら、グリーン電力を提供している供給事業者への切り替えを検討してください。これは、自社の契約者が全国高圧送電線網から使用した分と同量のグリーン電力を、供給事業者が買い取る仕組みです。そのため、契約者が増えるほど、送電線網上の再生可能エネルギーの割合も増加するのです。

●**暖房効率を改善しましょう**。最もエネル

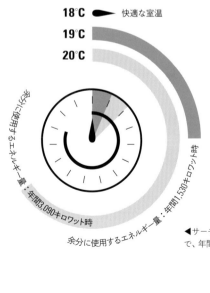

18℃　快適な室温
19℃
20℃

多めに使用するエネルギー量：年間3,090キロワット時

余分に使用するエネルギー量：年間1,530キロワット時

◀サーモスタットの設定温度を1〜2度上げるだけで、年間のエネルギー消費量は大幅に増加します。

ギー効率の高い暖房方法のひとつはヒートポンプです。ヒートポンプは屋外の地中や空気、水からの熱を家庭内に伝達する仕組みです。運転コストも安価で二酸化炭素排出量も抑えられます。ただし、設置費用が高額です。一方、最新式の薪ストーブも効率の良さではほぼ同じですが、煙が大気汚染に大きく影響するという調査結果もあります。バイオマスボイラーは、ハイテクな薪ストーブのようなもので、木質ペレット［木のおがくずや端材などを原料とした木材バイオマスの一種］を燃焼させますが、発生した灰は堆肥としても利用できます。

●暖房の**エネルギー消費量を抑えましょ**

う。暖房の設定温度を1度下げるだけで、長期的に見ると驚くほどのエネルギーを節約できます。使っている部屋だけを暖めるようにして、ほかの部屋の設定温度は下げましょう。遠隔操作システムを使えば各部屋の室温をより積極的にコントロールでき、エネルギーを最大で5%節約できます。また、断熱も欠かせません。窓を複層ガラスにする以外にも方法はあります。床、壁、天井、屋根の間のスペースには、ほぼ確実に断熱性を改善できる余地があるでしょう。さらに断熱塗料も購入できます！　家庭内の断熱性を向上させるための費用の補助制度を設けている国も多くあります。

グリーンでありながら、家庭内を涼しく保つには？

エネルギーを大量に消費し、二酸化炭素を排出する
エアコンに頼らずとも、涼しく過ごせる工夫をご紹介します。

　エアコンも、膨大なエネルギーを消費するという点では暖房システムと同じ問題をはらんでいますが、お住まいの地域によっては再生可能エネルギーで電力をまかなうのが難しい場合もあるでしょう。加えて、エアコンに使用されるハイドロフルオロカーボン類（HFCs）も問題です。HFCsは、二酸化炭素の1,000倍以上も強力な温室効果ガスとして知られており（12ページを参照）、気候変動に大きな脅威をもたらすものです。

　エアコンを使用せずに室内を涼しく保つには、暑くなる前の早朝の時間帯に対面に位置する窓を開放し、通気を良くするといいでしょう。そして、日中に気温が上がってきたら、窓とカーテンを閉めて熱い空気を遮断します。また、屋根や窓、扉の断熱をしっかりとして、冷気が逃げないようにしてください。シーリングファンも効果的です。反時計回りで低速運転にすると、羽根の角度を活かして涼しい下向きの気流を生み出せます。また屋外に十分なスペースがある場合は、樹木や低木を植えたり、建物に日よけを設置したりして、太陽光が当たる部分に日陰を設けるといいでしょう。

夜間に電子・電気機器の電源を切るのは本当に効果的なの？

夜間に電子・電気機器をスタンバイモードにしておくのは便利かもしれませんが、環境への影響を考えると、電源を切る習慣をつける必要があると言えるでしょう。

電子・電気機器はスタンバイモードのときでも最大で通常の90%の電力を消費します。テレビや食器洗浄機、ゲーム機、スマートスピーカー［AIアシスタント機能付きスピーカー］、携帯電話用充電器などを夜間にスタンバイ状態にしている人は4分の3にものぼるそうです。世界の二酸化炭素排出量の1%は、スタンバイモードに起因しているとされます。

この浪費的な習慣による英国での電力消費量は、年間で発電所2基分にも相当するほどです。一般的には、古い電化製品ほどスタンバイモードでのエネルギー消費が多い傾向にあります。

スタンバイモードの使用を控えるのは、最も手軽なエネルギー節約法のひとつです。

- ●電子・電気機器を使用していないときにはコンセントのスイッチを切る（あるいはコンセントを抜く）**習慣をつけましょ**う。スイッチの切り替えではコストやエネルギー消費量は増加しません。
- ●エネルギー節約（スタンバイモードの使用削減）のために、コンセントのスイッチ切り替えを遠隔操作できる"スマート"コンセントを購入しましょう。

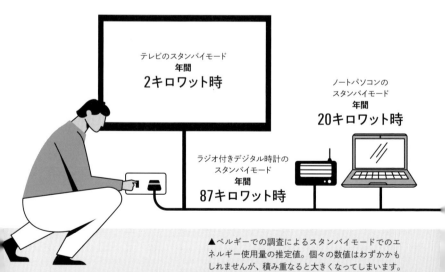

テレビのスタンバイモード
年間
2キロワット時

ノートパソコンの
スタンバイモード
年間
20キロワット時

ラジオ付きデジタル時計の
スタンバイモード
年間
87キロワット時

▲ベルギーでの調査によるスタンバイモードでのエネルギー使用量の推定値。個々の数値はわずかかもしれませんが、積み重なると大きくなってしまいます。

スマートテクノロジーは家庭内の
エネルギー効率の改善に役立つ？

"スマート"テクノロジーを使えば、
コストやエネルギー使用量をより効率的に管理できます。
それでも、やはりサステナビリティ面での問題はつきまといます。

スマートメーターからスマート家電、スマートコンセントにいたるまで、家庭内でインターネットを介して管理できるデバイスは、住宅などの建物内の省エネに有効です。「モノのインターネット（IoT）」は、音声などによるスマート操作で、室温の調節や、外出中の家電の電源切り替え、全体的なエネルギー消費量の削減を可能にしてくれます。とはいえ、このテクノロジーの家庭への導入には欠点もあるのです。

隠れたコスト

スマート電子デバイスのカーボンフットプリントには、製造に要するエネルギーと材料が反映されます。

さらに、IoTが進むと、バーチャルアシスタントとなる音声起動型スピーカーなどのデバイスを相互に通信可能な状態に保つため、スタンバイモード（前ページを参照）にしておかなければならない家電が増えてしまいます。スマート電子デバイスのスタンバイモードによる二酸化炭素排出量は、今後5年間で20%の増加が予想されます。

エネルギー消費の問題以外にも、ハイテク機器は旧型機器との互換性のない新しいテクノロジーの登場に伴って、新型モデルへの買い替えや交換が頻繁に必要となるケースも珍しくありません。

そのため、スマートテクノロジーを導入する際には、事前に自分のニーズについて考えてみる必要があるでしょう。

● 購入量を減らし、「古いものを修理して使う」ことを**目標としているのであれば**、家電や電子機器に関しては、スマートテクノロジーの利用はおすすめしません。

平均的なオフィスビルに**スマートテクノロジー**を導入すれば、**エネルギー使用量を20%**削減できる可能性があります。

● スマートテクノロジーを**利用したいなら**、家庭内のエネルギー効率を向上させるデバイスのみに限定しましょう。電気やガスのスマートメーターを導入すれば、どのぐらいのエネルギーをいつ使っているか、料金がいくらかかるのかが正確に表示されるので、消費量を意識する助けになります。またスマートコンセントも、複数のデバイスの電源を一括で切ったり、タイマーで家電を作動させたりできるだけでなく、どこにいてもアプリで電源操作が可能なので、エネルギーの節約が可能です。このようなテクノロジーは、オフィスの省エネにも大きな効果を発揮できるでしょう。

いちばん環境に優しい電池とは？

私たちの生活には、電池を消費する製品が多数あります。潜在的な
危険有害性のある電池の使用や廃棄の方法には十分注意が必要です。

　EUにおける2018年の電池販売量は、およそ19万1,000トン。電池に含まれる重金属の多くは、アフガニスタンをはじめとする政治的に腐敗した紛争地域で採掘されており、労働者が悲惨な環境に耐えているケースも少なくありません。また採掘は、先住民コミュニティが移住に追い込まれるなど、土地にも打撃を与えます。

　さらに、電池が埋め立て処分されると、有害な化学物質が土壌に浸出し、地下水を汚染しかねません。腐食した電池は温室効果ガスも放出します。

　再生可能エネルギー用蓄電池の技術革新は大きな飛躍を促進しており、電気自動車の走行距離や信頼性も向上しています。ただし、家庭用電池についてはその効率性に大きな進歩はなく、どれが最も環境に優しいのかという情報も不十分です。そこで、電池使用による影響を最小限に抑えるための方法をご紹介しましょう。

- ●電池に対する**全体的な使用量を削減しましょう**。スマートフォン用のソーラー充電器や、手回し充電式の懐中電灯といった代用品もおすすめです。

- ●**電池は必ずリサイクルしましょう**。多数の店やリサイクル施設に置かれているリサイクル用回収ボックスを利用しましょう。

- ●**使い捨ての電池は購入しないようにしましょう**。充電式電池なら最大1,000回の

充電が可能です。また充電式電池のなかでも、よりグリーンなものがあります。ニッケル・水素充電池（NiMH）なら、ほかの充電式電池よりも蓄電量を長期間保持できるのでおすすめです。充電が完了したら電源がオフになるスマート充電器と組み合わせて使うといいでしょう。

亜鉛電池　**1,500個**

アルカリ電池　**150個**

リチウム電池　**75個**

ニッケル・カドミウム蓄電池
1個

▲電池の種類により寿命も異なります。ここに示したのは、同量のエネルギーを得るのに必要な各種電池の個数です。

よりグリーンな
ノートパソコンやタブレットとは？

テクノロジーは、多くの意味でサステナビリティの実現に貢献してくれますが、テクノロジーに必要なハードウェアの多くは決してグリーンではありません。しっかりと情報を得て、環境に配慮した製品選びに役立てましょう。

2019年の推定によると、世界にはパソコン約20億台（ノートパソコンを含む）、タブレット10億台が存在します。それだけのデバイスが、やがて膨大な量の電子廃棄物となるのです。英国での2019年第1四半期における電子廃棄物は12万2,000トン以上にのぼり、その大半が最終的に埋め立て処分されています。

廃棄物以外の問題も挙げられます。パソコンやタブレットの製造にはポリ塩化ビニル（PVC）などの原料が広く用いられており、これらは製造工程や焼却処分によって、有害な化学物質を発生させるおそれがあります。

また、テクノロジー系ブランドは表面上は先進的でも、倫理面ではその多くに対して疑問の声も聞かれます。児童労働が明らかになっている企業もあるほか、電池やスマートフォンと同様に、紛争地域で採掘された材料を用いている企業も多く見られます。テクノロジーのアップデートや買い替えをしたくなるのは当然ですが、グリーンなアプローチを目指すなら、購入量を減らし、長く使い続けることが大切です。

● 新品ではなく**再生品やリサイクル品を購入する**ことで、新品に比べて、新たな原材料の需要を削減できます。

● **デスクトップパソコンがおすすめ**なのは、ノートパソコンよりも修理やアップグレードしやすいからです。同様の理由から、タブレットよりもノートパソコンがおすすめと言えます。

● **新品を購入する**と決めたなら、人権や公正な賃金、労働条件に関して明確なポリシーを持つブランドかどうかを確認し、そのブランドの"紛争"鉱物に関するポリシーをチェックしてください。その手がかりとして、まずは国際基準「TCO認証」を取得しているかどうかを確認しましょう。TCO認証は、責任あるサステナブルなサプライチェーンを有するコンピューターやタブレット、携帯電話のブランドである証明です。

平均的なノートパソコンの製造には、その重量の**10倍**の**有害化学物質**を必要とします。

● **理想的な**のは、製造工程で有害化学物質が使用されていないかどうかを確認することです。自社製品の製造に有害な物質の使用を控える取り組みを行っている企業も増加しています。

電子廃棄物をできるだけ減らすには？

「古い製品を捨てて、新しい製品にアップグレードする」
という私たちの大量消費文化が、大量の電子廃棄物を発生させています。
テクノロジーに対する私たちの考え方を見直す時期に来ています。

頻繁な新製品の発売やテクノロジーのトレンドを考慮すると、長期的な使用を念頭に設計されている電子機器や電気製品はほとんどないと言えるでしょう。消費者である私たちは、古くなったモデルを頻繁に捨てたり、ボタンが壊れたトースターや画面にひびの入ったスマートフォンのように多少の不具合があるアイテムを捨てたくなるよう促されています。近年では、家電の消費量も急増しており、2018年における英国家庭の家電購入額は、前年から10億ポンド増の約110億ポンドに達しました。有毒な電子廃棄物の山が増え続ける一方で、実際にリサイクルされるのは20%程度にとどまっており、「計画的陳腐化［新しいモデルによって、まだ十分に機能する古いモデルを意図的に陳腐に見せること］」が環境に極めて大きな影響を及ぼしていると言えます。

世界では、推定で**年間**
5,000万トン
の電子廃棄物が発生します。

世界的な電子廃棄物問題に取り組むうえで、リサイクルが鍵を握るのは明白ですが、家電・電子機器の購入やメンテナンスに対するアプローチ全体の見直しも有効です。私たちの意識を変化させるには、「リデュース、リユース、リサイクル」の合言葉が役立つでしょう。

● **リデュース**。購入サイクルの最初の段階でできる対策もあります。余裕があれば、少し奮発して高品質の製品を購入しましょう。修理が容易な製品（独立系ブランドや小規模ブランドに多く見られます）や、長年（理想的には一生）使い続けられるようにつくられた製品であれば捨てる必要性が減るため、長期的に見ると廃棄量の削減につながります。

● **リユース**。自分には修理のスキルがないと思っている人もいるかもしれません。それなら、最近増えつつある「リペアカフェ」と呼ばれるイベントに参加してみるといいでしょう。堅苦しくない場で、コンセントの修理やパソコン部品の交換など、自分で修理するための基本的なスキルを教えてもらえます。

● **リサイクル**。米国と英国を含む多くの国々では、リサイクルのために電気製品を回収する全国的な制度が設けられています。トースター、ドリル、ヘアドライヤー、テレビなどは近くの回収場所に持ち込めば安全に解体され、埋め立て処分を回避できます。パソコン、ノートパソコン、タブレットも専門のリサイクルセンターに回収してもらえます。ただし、その場合は事前に個人情報をハードディスクや内部ストレージから消去するのを忘れないようにしてください。

スマートフォンは地球を滅ぼすの？

地球上にあるスマートフォンの数は人口を上回っているとされます。
そんなスマートフォンの製造と廃棄が、
環境にとって懸念材料であることは明らかです。

　現在、リサイクルできる状態にあるスマートフォンは米国だけでも2億5,000万台以上にのぼり、さらに毎月1,100万台のペースで増加中です。それにもかかわらず、このうち実際にリサイクルされる割合は20%にも届かないと推定されます。

　スマートフォンの製造に用いられる金属は貴重な資源です。タングステンなどの有価金属は、場合によっては紛争地域で、多くは極めて劣悪な労働条件下で採掘されています。

　スマートフォンがリサイクルされなければ、新型モデル用の需要を満たすために、このような金属の採掘必要量は増加するばかりです。また、スマートフォンが埋め立て処分された場合、水銀や鉛などの有害物質が土壌に浸出し、地下水を汚染するおそれもあります。

　この問題によって生じる莫大な負荷を軽減するには、スマートフォンのライフサイクルについてより慎重に考える必要があるでしょう。

●本当に必要でない限り、最新機種への自動的なアップグレードは**しないようにしましょう。**

●**古くなったスマートフォン**は、信頼できる企業を通じて**リサイクル**しましょう。適切にリサイクルすれば、金やプラチナ、銅などの金属を回収できるため、単なる廃棄よりもはるかに望ましいと言えます。スマートフォンのリサイクルに取り組んでいる慈善団体や取り組みがあるほか、古くなったスマートフォンを無料回収して適正に管理された施設でリサイクルを行うブランドもあります。

●**スマートフォンを買い替えるとき**には、再生された中古品を選ぶか、自社のスマートフォンの製造に関して公正な採掘ポリシーやサプライチェーンを設けている独立系サプライヤーを探しましょう。

▲ほとんどのスマートフォンに使用されている"レアアース"やその他の貴金属の採掘は、環境に深刻な影響を及ぼすおそれがあります。

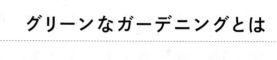

グリーンなガーデニングとは

庭をできるだけグリーンにするには？

すべての庭がグリーンなわけではありません。
庭のプランニングやリフォームの際に工夫をすれば、
野生動物や周囲の環境に役立つ庭づくりができます。

庭は、せわしない世の中から逃避できる場であり、食料や花の供給源にもなり、また自然とのつながりを取り戻せる場所でもあります。ただし、場合によっては資源を浪費し、土壌に負担を与えてしまう可能性があります。

スラブ［石材やコンクリートなどの板］やコンクリートで覆われていると、土壌は雨水を吸収したり、植物を介して炭素を取り込んだりする能力を失ってしまいます。また、植物は土壌の健全性にとって不可欠な存在です。栄養となる炭素を土壌動物に供給し、土壌の構造を保ち、養分循環を維持する働きをします。一方、裸地化した土壌は侵食され、劣化していきます。普段はあまり土壌について深く考えないかもしれませんが、適切に管理された土壌は、豊かな生物多様性を支え、炭素吸収源としての役割を果たしているのです（208ページを参照）。

植物の選び方

在来種ではない植物を栽培すると、問題が生じる場合があります。例えば、自然界の乾燥した気候下では育たない植物を降雨量の少ない地域で健康に保とうとすれば、多量の水やりが必要となるでしょう。

環境に優しい庭づくりを目指すなら、お住まいの地域の地形や気候に調和する造園

▼さまざまな方法で、手間もコストも抑えたグリーンな（そして緑あふれる）庭づくりができます。

在来種の**樹木や植物**を栽培しましょう。

土壌をコンクリートではなく、**植物**で覆いましょう。

や植物を選ぶのが理想的です。つまり、カリフォルニアの"グリーン"な庭は、ドイツの"グリーン"な庭とはまったく異なるものになるはずです。

気候変動に対抗するには

工夫してデザインすれば、気候変動や異常気象による地域への影響の軽減に役立つような庭づくりができます。樹木を家のそばに植えて日陰をつくると、暑い日でもエアコンの使用を減らせるでしょう（137ページを参照）。また、家のそばに背の高い灌木を植えたり、格子を立ててツル植物を伝わせたりしても同じ効果が得られ、壁の外側の空気を涼しく保てます。

また庭は、雨水排水路のような機能を果たして、家周辺の土地を水害から守る働きもします。低地に植栽空間を設ける「レインガーデン（雨水浸透緑地帯）」もそのひとつで、激しい雨の表面流出を遅らせてくれます。また、屋上緑化も過剰な雨水の吸収を助けます。環境に優しい庭づくりの秘訣は、水の貯留と管理、節約です。ご自宅の庭のデザインや植栽にも、ぜひそれを基礎として取り入れてみてください。

都市部のおよそ
22〜36%の土地が
庭として利用されています。

野生生物の生息環境づくり

グリーンな屋外空間をつくると、過去100年間で生息環境を失ってきた昆虫や鳥などの野生生物に隠れ場を提供できます。英国でも1940年代以降、「未整備」の草地（農業や庭園として使用されていない土地）の97%が失われ、多くの生物種の自然生息地が破壊されてきました。だからこそ、野生生物のための環境を取り戻さなければならないのです。それにはまず、庭の「再野生化」に着手するのがいちばんです。

どんな庭にも、"グリーン"な潜在能力が詰まっています。それをあなたの力で解き放ってください。
- 地域に適した**多様な植物を植えて**、昆虫を引き寄せましょう。昆虫もまた餌となって、鳥などの野生生物を呼び寄せてくれます。
- 庭の舗装や人工芝の使用は**控えてください**。
- グリーンな庭に不可欠な**自家製の堆肥づくりに挑戦しましょう**（詳細は160ページを参照）。

庭を**昆虫の楽園**にしましょう。

庭に昆虫を引き寄せるには？

あらゆる場所に、もっと多くの昆虫が必要です。
地域の生物多様性を支えるために、
昆虫にとって居心地の良い場所を庭につくりましょう。

　昆虫は、農作物などの植物の受粉において極めて重要な役割を担います。また、動物の餌となるほか、有機物を分解して土壌に養分を戻す働きもします。それにもかかわらず、世界では昆虫種の40％以上が絶滅の危機に瀕しているのです。研究によると、ドイツでは1989年から2016年までに飛翔昆虫の76％が失われたそうです。このような状況である以上、生き残った昆虫種を育む努力をしていかなければなりません。

　お住まいの地域で引き寄せられる昆虫の種類は、ネット上で検索すれば簡単に見つかるでしょう。食用の植物を栽培しているなら歓迎できない昆虫もいますし、庭で過ごすときには邪魔に感じられるものも多いかもしれません。それでも、メリットをもたらしてくれる昆虫種も数多くいます。

欧州全域では、野生の
ミツバチの種の
約10％が、
絶滅の危機に瀕しています。

●**チョウやガを引き寄せるには**、ブッドレアやバーベナなどの蜜の多い花や、隠れ場に適した茎の長い花や草、住処や繁殖場所になるオークや柳、カバノキなどを栽培するのがおすすめです。

●**カブトムシやクモなどの這う虫を引き寄せるには**、腐った丸太や下草で暗い日陰をつくりましょう。

●**ミツバチ**は種類によって、ジギタリスのような筒状花や、フランスギクのような平たく広がる花など、**多様な花を好みます**。日当たりの良い場所に、さまざまな色を混ぜて開花時期の異なる多様な花を植えれば、長期にわたって花が咲いた状態が保てるうえ、ほぼ年間を通じて花蜜を提供できます。また、柳などの花木も、一年の早い時期にミツバチに餌をもたらしてくれます。

●昆虫の住処や餌となる**野花の草地をつくりましょう**。スペースに余裕がなければ鉢植えでも問題ありません。あらかじめ雑草を抜き、肥料を加えすぎないようにし（野草はやせた土壌を好みます）、春か秋に種を撒くのが最も効果的です。

●**殺虫剤の使用は控えましょう**。殺虫剤は迷惑な昆虫だけでなく、引き寄せたい昆虫までも殺してしまいます。代わりに植物の種類を適切に組み合わせて植えれば、迷惑な虫を防げます。蚊は香りの強い植物を好まず、ハエはバジルを嫌い、ヨトウガはローズマリーに近寄りません。

庭を野生生物の住処に
ふさわしい場所にするには?

ご自宅の素敵な庭は、小動物にとって居心地の良い場所と
なっているでしょうか?　ちょっとした工夫を取り入れれば、
鳥やカエルといった地域の野生生物のために大きな変化を生み出せます。

　多くの場合、野生生物を引き寄せる環境づくりの最もシンプルな方法は、庭の手入れをしすぎないようにすることです。高草を刈らずに伸ばしたり、生け垣を刈り込みすぎないようにするのです（生け垣の下の空間も手を入れずにそのままにしておきましょう）。昆虫を引き寄せるのに成功すれば（前ページを参照）、その天敵であるカエルやコウモリ、鳥なども寄ってくるはずです。

　まずは時間をとって、お住まいの地域に生息するさまざまな野生生物を引き寄せるのに最も効果的な方法を調べてみてください。都市部や郊外なら、庭のフェンスに隙間をつくり、餌や水を探す野生生物が庭と庭の間を行き来できるようにしておくといいでしょう。

野生生物を引き寄せられる庭にするには

隠れ場

樹木や葉の茂った灌木、高草を覆いとして植え、また小動物のために下草や薪の山で隠れ場を用意しましょう。樹皮や藁、苔、丸太、松ぼっくり、筒状のボール紙などを使って、「バグホテル（虫の巣箱）」をつくるのもおすすめです。

餌

猫のような捕食者が届かない場所に餌箱を設置して、近隣の鳥を助けましょう。鳥の餌としてヒマワリを栽培するのもおすすめです。

水

浅くて小さいプールを用意して、小動物が止まりやすい石や小枝を入れたり、出入りのしやすい斜面をつけたりしましょう。ミツバチなどは好んでプールから水を飲んでくれます。

巣

庭の適した場所に鳥の巣箱を設置しましょう。欧州の場合、ほとんどの鳥が北東（直射日光が当たりにくく、風をしのぎやすい方向）に面した巣箱を好みます。また、必ず猫が簡単に届かない位置に設置してください。

庭に芝生を張っても大丈夫？

芝生のある庭はすっきりと見え、子どもたちの遊び場にもぴったり。
とはいえ、芝生は周囲の環境に何らかのプラスの効果をもたらすわけでは
ありません。それどころか、悪影響を及ぼすケースさえあるのです。

芝生は、タールマカダムやコンクリートで舗装するのに比べればましなものの、見栄えが良いだけで、グリーンな庭には十分ではありません。

まず何より、芝生が育ちにくい地域にとって、芝生がグリーンな選択肢でないのは言うまでもありません。自然環境に逆らって栽培するには絶えず集中した介入が必要であり、それによって在来植物や野生生物を害するケースも珍しくないからです。

また、芝生は非常に大量の水を必要とするため、干ばつの多い国では芝生への水やりが問題となるでしょう。加えて、在来植物から芝生に植え替えると、花壇に比べて土壌が圧縮されやすくなり、突然の豪雨で雨水を吸収できる能力が低下してしまう場合もあります。

芝生は確かに**炭素循環**＊の一端を担ってはいますが（208ページを参照）、樹木やその他の植物に比べると二酸化炭素を固定化する能力は劣ります。加えて、多くの芝生には化学物質が散布されるため、それが土壌や河川に浸出すると、生態系に悪影響を及ぼしたり、水の富栄養化の原因となったりするおそれもあります。

それでも、どうしても芝生を張るのであれば、環境を阻害しないように、よりグリーンで多目的な芝生をつくる工夫もできます。突き詰めて言えば、2週間ごとに強引に刈り込んでしまうのではなく、自然と連携しながら成長を促していくことが大切です。ご自宅の芝生に改めて目を向け、ほかに果たせる機能がないかを考えてみましょう。

▼大気から炭素を吸収する能力は植物の種類によって異なります。手入れのされていない草地のほうが、芝生よりも高い能力を発揮します。

15

1ヘクタール当たりの年間炭素吸収量（トン）

10

5

0

芝生　　　　農地　　　　草地

●きれいに刈り込まれた芝生の代わりに、クローバーや野花、野草の草地に**しましょう**。草を刈る頻度を大幅に減らせば、在来種の花がより多くの種子を落とせるはずです。草刈りの回数は年に2回だけ、できれば1回だけにすると、草花がライフサイクルを完遂し、自ら種子を撒く機会を得られます。

米国では
1,600万ヘクタールの
土地が**芝生**で覆われています。

●**芝生を刈る場合**は、草が長く伸びるまで待ち、刈り取った部分は芝生の上にそのまま残して分解させ、土壌の養分として再利用しましょう。芝生が吸収できる二酸化炭素量を増加させる助けとなります。
●芝生の一部を**家庭菜園**にして、野菜を栽培しましょう。
●**殺虫剤**などの有害な化学物質の**使用をやめましょう**。
●雨水を**回収**して、芝生の水やりに利用しましょう（153ページを参照）。

芝刈り機は、どれだけ汚染につながるの？

芝刈りは剪定バサミで──とまでは言いませんが、
芝刈り機にも環境に負担の少ないものとそうでないものがあります。

芝刈りの必要がある場合でも、ガソリン式の芝刈り機の使用はおすすめできません。ガソリン式芝刈り機は枯渇性燃料を用い、一酸化炭素や窒素酸化物などの汚染の原因となる有害なガスを発生させるためです。ガソリン式芝刈り機は平均的なガソリン車の新車に比べ、1時間当たり11倍の大気汚染を引き起こすという研究結果もあります。

残された選択肢は、昔ながらの手押し式と電動式ですが、よりグリーンなのは一酸化炭素を排出しない（そのうえ、いい運動にもなる）手押し式です。電動芝刈り機を使うなら、再生可能エネルギーを用いた電力料金プランに契約しておきましょう。

芝刈りをして、芝の状態を改善し、まばらな伸びを均一にしたいのであれば、マイクロクローバーを植えてみるのもおすすめです。マイクロクローバーは草の根に窒素を供給し、均一な成長を助けてくれます。また、不均一な成長を解消するには、細い熊手で枯れた根を掻き取るのも有効な方法です。

「庭は、**環境に優しい**
　　習慣の縮図にもなります」

最もグリーンな庭の水やりの方法とは？

淡水はますます貴重な資源となりつつあります。
グリーンなガーデニングを目指すなら、賢く土壌を潤し、
できるだけ多くの水を再利用しましょう。

在来植物で庭を満たすと、水利用効率が極めて高くなります。在来種はその地域の平均的な降雨量に慣れているので、別の気候下で自生する植物に比べると水やりが少なくて済むのです。

自治体によっては芝生や庭への水やりを禁止している場合もあります。また、そのような制約がなくとも、水は賢く利用したいものです。スプリンクラーやホースを使うと水を浪費してしまいます。スプリンクラーは必要以上に長く放水したまま放置される傾向があり、ホースはトリガーを用いてコントロールしながら使用しなければ、やたらと水をまき散らしてしまうためです。また水の無駄に加え、水のやりすぎによって水浸しになってしまうと、植物の健康にも影響を及ぼしかねません。

●堆肥やマルチング材を使って、**土壌を健全に保ちましょう**。マルチング材で土壌を覆うと水分をより長く維持でき、水やりの頻度を減らせます。

●**水やりは早い時間帯か夕方に行う**と、水が土壌に吸収される前に蒸発してしまうのを防げます。

●**植物に水をやる際は根元に注いで**、土に吸収されずに無駄となる水を減らしましょう。

●風呂の残り湯や、炊事や洗濯などに使った水（生活排水）を植物の水やりに**再利用**しましょう（ただし、合成洗剤や化学物質をあまり使用していない場合に限ります）。

●広いスペースがある場合や壁を伝う植物を植えている場合、**点滴灌漑システムを利用する**と、必要な場所に直接かつ正確に放水できます。

●**蓋付きの雨水タンクを購入すれば**、雨水を屋根から回収し、水道水の代わりに庭の水やりに使えます。スペースに余裕があるなら、大雨の際でも地下タンクに貯水できる家庭用雨水収集システムの設置を検討してもいいでしょう。

水使用量

スプリンクラー　　ホース　　点滴灌漑システム

▲点滴灌漑システムを使用すると、ホースよりも水の使用量を抑えられ、スプリンクラーに比べると使用量を50％削減できます。これは蒸発や流出による水の無駄を回避できるためです。

庭の地面を覆うのに
最もグリーンな素材とは？

環境に優しい庭であるかどうかは、どんな素材を使って地面を覆うか
──あるいは地面を覆うか否か──によって大きく変わってきます。
使用する素材によっては驚くほど悪影響をもたらすものもあるためです。

これまで私たちはあまりにも長い間、コンクリートやタールマカダムのような不浸透性の素材を用いて土壌を覆い、土壌の雨水吸収能力を奪ってきました。欧米の都市部や郊外の住宅では私道や庭の舗装が流行したため、雨水が行き場を失い、町や都市部で洪水が起こりやすくなっています。

また、石やコンクリートといった密度の高い素材は、日中に熱を閉じ込め、夜間に放出するため、都市部に「ヒートアイランド」現象を引き起こします。夜間の気温上昇は、寝苦しさにもつながるでしょう。

とりわけコンクリートは環境にとっての悪夢です。世界での膨大なコンクリートの製造には大量のエネルギーが消費されており、セメント産業をひとつの国として考えると、二酸化炭素排出量は第3位にランクインするほどです。

環境に配慮しながら庭を舗装したいのなら、その下の土壌を生息可能な環境に保つ（雨水の吸水や温度の維持など）うえで、使用する素材がどのような支障をもたらすかを考えてみるといいでしょう。素材を比較する際には、製造地はどこか、耐用期間はどのぐらいか、リサイクル可能か、また野生生物や地域の生態系に悪影響をもたらすおそれのある有毒化学物質を用いずに使用素材をメンテナンスできるかといった点を検討してください。

●デッキや砂利のような**水はけのよい素材を選べ**ば、土壌は地表の水を吸収できます。また敷石を敷いて、その隙間をセメントの代わりに砂で埋めるのも、水はけ問題の解決には有効です。

●庭全体を**舗装しない**ようにしましょう。前庭や道に植栽を増やすと、夏季に気温を調節する助けとなり、ヒートアイランド現象を軽減させられます。植物が茂った庭は、家と道の間の保護壁となり、汚染物質や空気中のほこりをろ過する役割も果たします。

英国では
約520万件の敷地
に、洪水の危険性があります。

庭の床材

芝
芝は水を吸収し、炭素を隔離するため、ほかの素材で土壌を覆ってしまうのに比べると――あくまでもある程度は――悪くないと言えます（150ページを参照）。

人工芝
使用しないでください。人工芝はプラスチック製で、土壌や野生生物にとってプラスの効果は一切ありません。多孔性ではあるものの、その下の土壌が圧縮されて雨水が表面流出してしまう傾向があります。

砂利
地面を覆うには良い選択肢です。排水性があり、敷石よりも安価です。

コンクリート
使用しないでください。膨大なカーボンフットプリントに加え、コンクリートは不浸透性のため、水はけ問題が生じ、洪水の危険性が増大します。

敷石・レンガ
敷石やレンガの隙間を埋める素材によっては、水はけが良くなります。隙間部分にはセメントを使用しないでください（ただし雑草は生えてきます）。

プラスチック製タイル
新品のプラスチックはグリーンではありませんが、排水用の穴がある再生プラスチック製タイルなら悪くないでしょう。

木製デッキ材
サステナブルに栽培された木材か、再生木材を用いたもののみを選んでください。板どうしに隙間が空いているため排水性があります。ただし、有毒な着色料やシーリング材を使用しているものが多く見られます。

プラスチック製デッキ材
使用しないでください。プラスチック製デッキ材はメンテナンスの必要はないものの、ポリ塩化ビニル（PVC）を原料としており、リサイクルや多用途への再利用ができません。

合成木材製デッキ材
再生プラスチックと圧縮した木の廃材の合成木材を用いたデッキ材は、耐用期間が長く、排水性もあります。

庭を菜園として利用すべき？

本当に環境に優しい庭とは、食料を生産できる庭です。
バルコニーや植木鉢さえあれば誰にでもできます。

　世界の食料の生産と流通に関連する環境問題の多くは、自家栽培による小規模な個人レベルの取り組みを通じても軽減できます。食料を自家栽培すれば、空輸（48ページを参照）もパッケージング（52ページを参照）も不要です。また、化学物質の大量使用を回避して、オーガニック栽培もできます。さらに、手塩にかけ、心を込めて栽培した食材なら、店で購入した場合に比べて無駄にしてしまうことも少ないはずです。

　食材の自家栽培は、とりわけ肉食中心から菜食中心の食生活にシフトしたい人にとっては張り合いが感じられるでしょう。自宅で食材を供給できれば便利なのはもちろんのこと、食費も大幅に節約できます。野菜や果物を栽培すると、自家製のチャツネ［インド料理などに使われるソース］やジャム、ピクルスなどもつくれるので、スーパーマーケットへの依存をかなり減らせます。

▼わずか4平方メートルの花壇でも、6カ月の生育期間でかなりの量の野菜や果物を収穫できます。

6カ月間
で生産量は
25キロ以上

前庭を使って食材を栽培すると、コミュニティの構築に役立つという研究結果もあります。旬の食材が大量にあれば、近所の人たちと仲良くなって収穫物を分け合ったり、自家栽培をしているほかの人たちとつながり合うきっかけになったりするからです。複雑な世界的サプライチェーンよりも地域の食料システムをサポートすれば、二酸化炭素排出や廃棄物、プラスチックを減らせ、土壌の健全性も改善でき、環境に極めて有益な効果をもたらせるでしょう。

このような利点に加え、栽培する人自身にもプラスの効果が望めます。食材を育てるとストレスが軽減し、達成感や健康も高まり、さらにちょっとした反復的な肉体労働を通じてメンタルヘルスも大きく改善できるのです。

自宅の庭を、地域の自家栽培コミュニティにつながる入り口として考えましょう。「芝生よりも食材を育てよう」という言葉を新たなモットーにするのもいいかもしれません。

● **一度にあまりにも大がかりな作業に着手しないようにしましょう。** これまで栽培経験がない場合は、ハーブや、好きな野菜か果物を1〜2種類程度育てるなど、小さな規模から始めるのがおすすめです。好きでもないものを山ほど栽培しても意味はありません。

● **現実的に計画しましょう。** たくさんの種を撒きすぎると、手が行き届かなくなってしまいます。2〜3種類の植物を育てるだけでも十分な収穫が期待できます。

● **ネット上のハウツー動画や、ガーデニ**ング専門ウェブサイト、書籍などを参考にし、年間を通して新鮮な野菜や果物、ハーブを収穫するためには、どの時期に何を植えるべきかを学びましょう。

● **自宅に庭がなくても諦める必要はありません。** バルコニーの鉢植え（トマトやハーブ、イチゴなど）や、キッチンの窓際でも食材の栽培は可能です。

● **地域の貸し農園のメンバーになりましょう。** もし自分だけで責任をもって菜園を管理する自信がなく、ほかの人たちとスキルを共有したいなら、コミュニティガーデンに参加するのもいいでしょう。職場や友人グループ、プレイグループなどで賛同者を募って、一緒に植物を植えたり、世話をしたり、収穫したりしてみるのはいかがでしょうか？

購入する食材の5分の1を家庭菜園で補えば、年間で平均 **30キログラム** 相当の二酸化炭素排出を削減できます。

● **堆肥を購入するなら、泥炭（ピート）は避けてください。** 泥炭地は植物が数千年もかけて不完全分解してできたもので、貴重な保水地であり、また多様な生物の生息地や重要な炭素吸収源でもあるためです。

パーマカルチャーの概念とは？

風変わりな名前だからといって困惑しないでください。パーマカルチャーの
概念の多くは、常識とされるものです。パーマカルチャーの価値観を
取り入れると、サステナブルな庭へと前進できます。

「パーマカルチャー」という用語が初めて使われたのは1970年代ですが、その概念自体は古来から存在してきました。パーマカルチャーとは、環境を活用し、環境から学び取って植物の成長を助けるという原理に基づいた農法であり、工業的な単一作物の栽培とは正反対の概念だと言えるでしょう（41ページを参照）。パーマカルチャーの場合、植物は自然に逆らわず調和して育ちます。世界で栽培されている食品の50%はわずか4種類の農作物（大豆、小麦、コメ、トウモロコシ）で占められており、ほとんどの工業的農業は、パーマカルチャーが推奨する多様性を促進するものではありません。商業的農作物は遺伝的多様性に乏しいため害虫の影響を受けやすく、病気によって膨大な量の農作物が枯れてしまうケースもあります。

また、パーマカルチャーは多様性以外にも、季節にとどまらない長期的なサステナビリティを促します。秘訣は、土壌の健全性を維持し、有機的な栽培を行い、自然のパターンに呼応することです。生態系の各要素は相互に関係し合っています。ご自宅の庭を計画する際にも、自然を模倣して、自然の力に任せてみましょう。その方法をご紹介します。

● "共栄"作物（コンパニオンプランツ）を活用しましょう。ネギとニンジンは、お互いの害虫を寄せつけないため、一緒に栽培すると効果的です。

● 菜園のそばに野花を植えられるスペースを設けましょう。野花は受粉に必要なミツバチを引き寄せ、収穫量を増やしてくれます。

▶パーマカルチャーは、地球の資源を守り、廃棄物を削減します。

庭にあるプラスチックを減らすには？

キッチンやバスルームのプラスチックごみ問題を片付けた後は、
庭もプラスチックフリーにしましょう。

　植え替え用スコップから園芸用ラベルまで、プラスチックはあらゆるかたちで庭に忍び込んできます。植木鉢は園芸の必需品ですが、最も安価に大量生産できるのはプラスチック製の鉢です。そのほとんどが最終的に埋め立て処分か焼却処分されます。

英国では、
**プラスチック製の
植木鉢**と**育苗トレー**が
平均で**年間**
5億個購入されます。

　ただし、庭にあるすべてのプラスチックが環境に悪いわけではありません。ビニールハウスを使うと栽培可能期間を引き延ばせ、より多様な農作物や花の自家栽培ができるようになります。小型のビニールハウスが庭にひとつあると、野菜や果物の栽培がより容易になるので、カーボンフットプリントの削減にもつながるでしょう。また、廃棄後のビニールは、ゴミ袋などのグレードの低い製品にリサイクルできます。

　一方、あまり必要性のないプラスチックについては、代用品を見つけるのも難しくはありません。

● ガーデニング用具や必需品を新たに購入する必要がある場合は、**金属製か木製の**ものを選びましょう。

● **生分解性タイプの植木鉢を探しましょ**う。もみ殻や竹などを原料とし、そのまま地面に植えられます。また、新聞紙を折って鉢を手づくりするのもいいでしょう。

● プラスチック製の植木鉢を購入する代わりに、木材や粘土などの天然由来の素材でできた**容器を再利用したり**、別の用途から転用できるアイテムがあれば、どんなものでも活用しましょう（浴槽、長靴、金属製容器を使ったり、履き古したジーンズですら壁掛け用プランターとして使えます）。

● キッチンから出た**プラスチックごみを活用しましょう。**空になったヨーグルト容器や、牛乳パック、飲料ボトルを苗の栽培に再利用して、新たな命を吹き込みましょう。

● 園芸センターで植木鉢や育苗トレーの**リサイクル**プログラムや貸し出しプログラムを**調べてみましょう。**

● 園芸コミュニティに**参加しているなら、**新たに購入しても一度しか使わないような大きめのアイテムは、共用にしたり貸し借りしたりするのはいかがでしょうか？

堆肥づくりにも挑戦するべき？

庭のスペースに余裕があれば、堆肥の山やコンポストボックスを活用すると、土壌に豊かな養分をもたらし、庭の花や食材の成長に役立てられます。

生ごみを堆肥にすると、ふたつの環境問題に対処できます。まず、生ごみを埋め立て処分せずに済むため、食品の腐敗によって温室効果ガスのメタンが発生するのを防げます。次に、堆肥が庭の土に養分をもたらし、土を補充してくれるので、食材の栽培や、野生生物のための健全な自然環境づくりができます（149ページおよび156ページを参照）。

堆肥化は、微生物やミミズが生ごみや庭の刈草といった有機物を消化して、炭素を多く含む腐葉土に変えてくれるというシンプルなプロセスです。自分で堆肥づくりをするには、専用の容器か、堆肥の山をつくれる庭の一角を用意します。プラスチック製のコンポストボックスを購入するのもいいですし、不要になった木材を使って箱を手づくりすればいっそうグリーンです。そこに、刈り取ったばかりの草や、野菜や果物の皮といった窒素分の豊富な「緑色」のごみと、枯れた小枝や枯れ草、あるいは段ボールなどの炭素に富んだ「茶色」のごみを混ぜて入れます。その際には緑色のごみと茶色のごみを交互の層にしてください。この2種類のバランスを維持すれば、微生物がごみを分解するために必要な栄養をすべて供給できます。

堆肥の山をつくると、年間

150キログラム

の生ごみをリサイクルできます。

堆肥の山やコンポストボックスは、水分が多すぎない程度に湿った状態を保ち、内部で空気が循環できるようにし、水はけも良くする必要があります。蓋をしておけば、水分と温度を維持できるうえ、分解を促進できます。また、太陽光を当てるのも分解を早める助けとなります。堆肥をときどき回したり混ぜたりして、通気することも重要です。庭に撒ける状態になるには6カ月ほどかかり、黒にほど近い茶色で、ぽろぽろとした状態になれば完成です。

- ●堆肥に混ぜてよいものを理解しておきましょう。砕いた卵の殻や紙製の卵パック、プラスチック不使用のティーバッグなどはすべて入れられますが、肉や乳製品は臭いが出てネズミを引き寄せてしまうため入れられません。また花が咲いた後の雑草は堆肥に混ぜないようにしましょう。自家製堆肥は種子を破壊するほどの高温にはならないため、いずれ堆肥を使うときに、意図せずして雑草の種も一緒に庭に撒いてしまいかねないためです。
- ●自宅に堆肥をつくれるスペースが**ない場合**は、地域の堆肥化プログラムを探して参加してもいいでしょう。

ミミズコンポストは用意したほうがいい？

堆肥の山をつくるにはスペースが足りませんか？
諦めなくても大丈夫。ほかにも、
キッチンから出るごみを処理できる巧みな方法があります。

　生ごみをリサイクルしたいけど、スペースに余裕がないという場合は、ミミズコンポストが最適な解決策かもしれません。ミミズが生ごみを効率よく処理して堆肥と液肥に変えてくれ、できた堆肥や液肥は、観葉植物や窓際で栽培している植物に使えます。ミミズ付きの既製のミミズコンポストも販売されているほか、手づくりも可能です。販売店やつくり方についてはネットで検索してみてください。ミミズは、赤色のシマミミズと呼ばれる種類を使用しましょう。

　単純なミミズコンポストは、上下段のふたつの部分で構成されています。ミミズが住むのは上段で、そこにおがくずや湿った新聞紙の層をつくり、その間に生ごみを入れていきます。下段は液溜まりで、液肥が溜まるスペースです。上段は全体の3分の2ほどになるようにしますが、複数のトレイを重ねて分割しても構いません。

　ミミズコンポストにはほとんどの生ごみを入れられます。ただし、肉、魚、骨、乳製品や、香辛料、塩分、酢が加えられているものはミミズに与えないようにしてください。コンポスト内の温度は10〜30度に保ちます。物置きや雨風の当たらないバルコニーなどに置くといいでしょう。

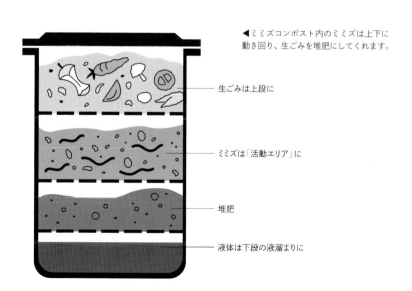

▼ミミズコンポスト内のミミズは上下に動き回り、生ごみを堆肥にしてくれます。

— 生ごみは上段に

— ミミズは「活動エリア」に

— 堆肥

— 液体は下段の液溜まりに

空気をきれいにする
効果が最も高い観葉植物とは？

室内用の観葉植物は、部屋の隅や棚に飾るとおしゃれなだけではありません。
あなたにとっても、環境にとっても、望ましい効果をもたらしてくれます。
観葉植物バンザイ！

　観葉植物は二酸化炭素を取り込んで酸素を放出し、さらに空気中の汚染物質やVOC（122ページを参照）をろ過して、家庭内の環境を改善してくれます。また、いくつかの研究によれば、家庭内に植物を増やすと、ストレスの軽減や心の平静の助けとなるそうです。

　米航空宇宙局（NASA）が1980年代に、植物を置いた室内の空気中に含まれるさまざまな物質の量を長期的に測定し、観葉植物の空気ろ過能力を立証したのも有名です。ただしこの実験は、実際の生活環境や職場環境に見立てた条件下で行われたものではないため、鵜呑みにしないほうがいいかもしれません。ともあれ、家の中に植物を置けば空気の質を改善できるのは確かです。大都市に住んでいる人には理想的でしょう。

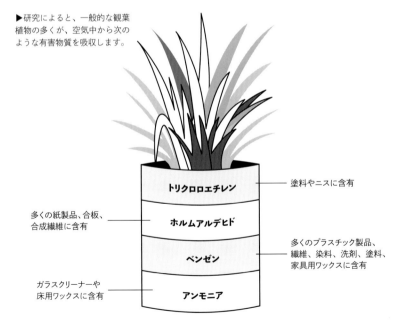

▶研究によると、一般的な観葉植物の多くが、空気中から次のような有害物質を吸収します。

トリクロロエチレン —— 塗料やニスに含有

多くの紙製品、合板、合成繊維に含有 —— ホルムアルデヒド

ベンゼン —— 多くのプラスチック製品、繊維、染料、洗剤、塗料、家具用ワックスに含有

ガラスクリーナーや床用ワックスに含有 —— アンモニア

効果が極めて高い植物には、入手が簡単で価格もお手頃なものもあります。家庭内に植物を取り入れるなら、次を参考にしましょう。

●ベンゼンやホルムアルデヒドをろ過するのに**最適な植物のひとつ**は、スパティフィラム・ワリシー（Spathiphyllum wallisii）です。また、セイヨウキヅタ（Hedera helix）も、空気清浄能力が極めて高い植物です。天井から吊るしたバスケットや小ぶりの植木鉢で育てられます。カンノンチク（Rhapis excelsa）や一般的に「ドラセナ・コンシンネ」としても知られるベニフクリンセンネンボク（Dracaena marginata）は成長に時間がかかりますが、空気中の有害物質を除去する効果を年間を通して発揮します。

●成長の早い植物を**お探しなら**、オリヅルラン（Chlorophytum comosum）がおすすめです。

●植物の世話が**苦手な人には**、栽培が容易なポトス（Epipremnum aureum）がぴったりでしょう。

英国の調査では、**16〜24歳の** **80%** が自宅にひとつは**観葉植物**を置いているという結果が出ました。

●室内の空気の質を改善してくれるのは**鉢植えの植物**だけではありません。キク（Chrysanthemum）やガーベラ（Gerbera jamesonii）といった切り花にも、効率的な天然のろ過作用があります。

●**できる限り**、地元でオーガニック栽培された鉢植えや切り花を選び、不要な汚染や空輸距離を回避しましょう。

植物の生産地も考慮したほうがいいの？

植物の生産情報を意識すれば、最もグリーンな植物を選ぶ助けとなります。

植物や種子にも追跡可能なサプライチェーンがあり、そこには、ほかのあらゆる産業と同じ二酸化炭素を過剰に排出しうる場面が複数存在します。植物産業において最も二酸化炭素排出量が多い慣行は、照明と熱によって強制的に成長を促す促成栽培と国際輸送のふたつです。また、温室効果ガスの排出量では、促成栽培のほうが国際輸送を上回る傾向があるのをおぼえておくといいでしょう。

植物を購入する際には、ガーデンセンターや園芸店でその植物の生産地を確認しましょう。なるべく地元で栽培されたもので、できれば在来種の植物を選ぶと、エネルギー消費量の多い介入の必要性を抑えられます。

種子から育てる場合はもう少し簡単です。オーガニック種子（有機種子）カタログを利用して購入しましょう。または、種子交換プログラムを探し、ほかの園芸愛好家と直接、あるいは郵送で種子を交換するのもおすすめです。

仕事とレジャー

週2日を在宅勤務にすると、100人当たり年間 **63.5トン分の二酸化炭素排出**を削減できるとされます。

最もグリーンな仕事場所とは？

コロナ禍では非常に多くの人々が在宅勤務を経験しましたが、
どんな仕事場所にも長所と短所があるものです。

従来型オフィスがどれだけグリーンだと言えるかは、環境のための各企業の取り組みによって異なります。これは、すべてのオフィスが積極的に環境対策を取り入れているわけではないためです。加えて、毎日の通勤のカーボンフットプリントもかなりの量になるケースがあり、とりわけ自動車通勤の場合はそれが顕著です。

コワーキングスペース［独立して働く人々が共有するオフィス］の場合は、従来型オフィスに比べて1人当たりの床面積が少なくて済むため、冷暖房使用量を削減できます。また、近場のコワーキングスペースを選べば、通勤に伴う二酸化炭素排出量も抑えられるでしょう。ただし、最新型のコワーキングスペースには、過度なネオン照明やオフィス内のバーエリアなど、エネルギーを大量消費する機能を備えているところも多くあります。その場合でも、ビルの運営方法にまでは意見を出せないかもしれません。

在宅勤務の明らかなメリットは、通勤が不要な点です。2020年の英国でのロックダウンでは、1,800万人にのぼる人々が在宅勤務に切り替えた影響で、一部の都市では大気汚染が最大50％も改善し、エネルギー関連の二酸化炭素排出量も17％減少しました。さらに、自宅であれば電力料金プランを自分で管理できるため、照明や冷暖房、機器類の電源を再生可能エネルギーに切り替えられます。一方、電子廃棄物のリサイクル（142ページを参照）など、職場内での環境への取り組みの一部を利用できなくなるかもしれません。

突き詰めて言えば、最もグリーンな仕事場所は、一人ひとりの状況によって異なるのです。

● 可能な場合は、**徒歩か自転車**で通勤し、会社にもいっそうの環境への取り組みを働きかけましょう（次ページを参照）。

● 通勤に**自動車の運転**が避けられない場合は、代わりに在宅勤務が可能かどうかを検討しましょう。

よりグリーンな職場にするには？

全社的な取り組みから、環境に優しいアイテムへのシンプルな切り替えまで、
ごみや二酸化炭素排出量の削減のために
オフィスでできる工夫も豊富にあります。

オフィスでできる最もグリーンな対策は、ごみのリサイクル管理以外にもあります。たとえば、タイマーや人感センサーを特定のスペースに導入して冷暖房システムや照明の効率化を図ったり、建物を十分（かつ安全）に断熱したりするのも有効です。さらに、効率の良い電子機器への投資や再生可能エネルギー料金プランへの切り替えのほか、商品を製造している企業であれば、カーボンオフセット（二酸化炭素排出量の相殺）の検討もおすすめです。企業として改善の余地のある部分を把握するために、エネルギー使用量と排出量の監査を依頼するのも非常に有益です。

従業員が取り組みに参加しているという意識を持ち、責任を認識している職場は、よりグリーンな傾向があります。社内にまだ環境対策チームが設置されていない場合は、設置を提案してみるのもいいでしょう。

また、成果を評価するために、現状の監査を行い、目標を設定し、それを達成するための戦略を立てましょう。環境対策の戦略は、オフィスでの日常的な意思決定プロセスにさまざまなかたちで組み込めます。

● プラスチック製文房具が**どれだけあるかを確認し**、ペンの代わりに木製の鉛筆を発注するなど、代用品の採用を検討しましょう。また、取締役会や社内会議では、ペンやメモ帳、社名入り販促品などの配布を控えましょう。

● **オフィス内でまだ**照明をLED電球に交換していない場合は、ぜひ交換してください。LEDは電球型蛍光灯（CFL）よりも高いエネルギー効率を発揮します。ただし、昔ながらの白熱電球に比べると、CFLもはるかに優れていると言えます。

● どうしても必要な場合以外は、**印刷を控えましょう**。印刷する場合はモノクロで両面印刷し、使用済みトナーやインクカートリッジはリサイクルしてください。

● 気候に適した鉢植えを**取り入れて**、空気の質と気分の向上を図りましょう。

● **環境に優しいケータリング業者や清掃業者を採用しましょう**。菜食中心のケータリング業者や、本来であれば廃棄されてしまう余剰食材を引き取って使用する業者と提携するのもいいでしょう。またアプリを活用した食品廃棄物削減プログラムや慈善団体に登録すれば、売れ残りをほかに再分配できます。

● **マグカップ**やコップ、果物などを従業員に**提供して**、使い捨てプラスチック入りの飲み物や軽食の購入を控えるように啓発しましょう。米国のオフィスワーカーは平均で1人当たり年間500個もの使い捨てコーヒーカップを使用するそうです。

● **お勧めの会社に**コーポレートギフトプログラムがある場合は、サステナブルな業者からギフトを調達するか、ギフトの代わりにチャリティへの寄付を行うといいでしょう。

デジタルベースの働き方は
紙ベースの働き方よりもグリーンなの？

ペーパーレスのオフィスは、木材、エネルギー、貴重な資源を節約できますが、
デジタルベースならカーボンフリーだというわけではありません。
デジタルドキュメント、クラウドストレージ、ストリーミング、
その他のオンライン活動も環境負荷があります。

　紙に関連する環境上の懸念材料は、木材の使用量だけではありません。紙の製造はエネルギー集約的な工程であり、木材を紙にするには、多くの製造工程と、水やエネルギー、輸送を要します。そのため不要な紙の使用をやめたほうがいいのは確かですが、一方で電子コンテンツによる環境負荷も看過できません。デジタルドキュメントはカーボンニュートラルではないのです。

　オンラインコンテンツやクラウドストレージを管理するデータセンターは、かつてない規模に巨大化し、大量の電力を消費しています。それにもかかわらず、その二酸化炭素負荷はようやく理解され始めたばかりです。私たちの生活はデジタルへの依存をますます強めているため、今後さらに大容量のストレージや高い処理能力が必要となり、2025年までにはデータセンターでのエネルギー使用に伴う二酸化炭素排出量が総排出量の3%に達すると予測されます。また、現在のトレンドが継続すれば、デジタルデータの保存に伴う二酸化炭素排出量は2040年までに世界全体の約14%になると見込まれます。これは現時点の世界の二酸化炭素排出量に占める米国の排出量の割合と同じです。

2019年のある報告書によると、**データセンターの43%**が**環境対策ポリシー**を設けていませんでした。

　物理的にも仮想的にも整理整頓して、仕事がもたらす環境負荷の軽減につなげましょう。

● **デジタルシステムをスリム化**して、定期的に保存データを点検し、不要になったドキュメントは削除しましょう。

● インターネット上での**多くの活動**も、もっとグリーンにできるはずです。検索に伴う排出量の**カーボンオフセット** *（植樹など）に取り組んでいるグリーンな検索エンジンに切り替えましょう。また、視聴していない動画や音楽を再生したまま放置しないようにしてください。

● 電子メールの習慣を**変えましょう**。詳細は171ページを参照してください。

● 紙を**使用する場合**、印刷はモノクロで両面印刷し、メモやリストを書きとめるときは不要な紙を使いましょう。使用済みの紙は必ずリサイクルしてください。

最も環境に優しい紙とは？

再生紙を使えば木の伐採を削減できますが、それですべてが
解決するわけではありません。環境に配慮した紙であるかどうかを
評価するには、ほかの要素も考慮に入れる必要があります。

　紙の製造に伴う二酸化炭素排出量を算出するには、パルプ化工程や製造方法、エネルギー消費量、輸送といった、エネルギー集約的なサプライチェーン全体に含まれる要素を検証する必要があります。

　「使用済みの紙」を原料とする再生紙を用いれば、バージンパルプの使用を助長せずに済むため、森林伐採とそれに伴う野生生物の生息環境の喪失を軽減できます。

　具体的な紙のカーボンフットプリントの総量を確認するのは難しいかもしれませんが、選ぶ紙の種類について理解を深めると、よりグリーンな紙の購入に役立つでしょう。

●紙の古紙パルプ配合率を**確認しましょう**。ただし、これには業界基準が存在しないため、古紙パルプ配合率が最も高い紙を選ぶようにしてください。

●**可能であれば**、紙の製造に用いられたエネルギーの種類を**確認してください**。製紙工場は化石燃料に依存していませんか？　それとも代替エネルギー源による電力を利用しているでしょうか？

●**FSC認証の有無を確認しましょう**。森林管理協議会（FSC）は、責任ある森林管理を世界的に推進している機関です。「FSC認証は、サステナブルに管理された森林と工程を用いて、先住民や製造工程に関わる人々の福祉を守りながら製造された紙であることを保証するものです。また「FSCリサイクル」ラベルは、

真正な再生紙である証明です。

▲紙に占めるバージンパルプの割合が低いほど、製造による温室効果ガス排出量が少なくなります。

「インターネットにも
　環境負荷があります。
　その二酸化炭素排出量は
　すでに**世界の総排出量の**
　4%近くを占めています」

電子メールが及ぼす環境への影響とは？

私たちが深く考えもせず送受信するメールは1日当たり数十億件にも
のぼりますが、その絶え間ない通信にも環境破壊という代償が伴います。

1件1件の電子メールにもそれぞれカーボンフットプリントがあります。パソコン上での入力、ネットワークへの送信、そして世界中の巨大なデータセンターで管理されている受信トレイ上でのメール保存に電力を必要とするためです。

1件のメールだけに目を向けると環境負荷は比較的少なく感じられるかもしれません。それでも、世界中で送受信されるメールは膨大な数にのぼるため、その影響は相当なものになります。2019年における世界の送信メール数は、1日当たり2,936億件。全世界で送受信されるメールに伴う年間二酸化炭素排出量は、路上を走る自動車700万台分に匹敵します。2019年に行われた研究では、英国のすべての人がメール送信数を1日当たり1件減らせば、英国の二酸化炭素排出量は年間16,433トン以上削減できると結論付けられています。ただし、これはまだ氷山の一角にすぎません。インターネット使用の60%を占めるストリーミング、加えてデータ保存も二酸化炭素の大きな排出源となっているからです。

たとえ日常的な小さな行動であっても、地球を第一に考えるように意識を変えていけば、変化が生まれるはずです。送信するメールを慎重に選び、「送信」ボタンを押す前にもう一度考えてみてください。「ありがとう」や「OK」といったほんのひと言程度のメールは、本当に送信する必要があるのでしょうか？

電子メール44,165件
（平均年間受信数）
：0.6トン

添付ファイル
付きメール
50グラム

テキスト
のみのメール
4グラム

スパム
メール
0.3グラム

▲受信トレイのカーボンフットプリント（二酸化炭素換算で測定）は、どのような種類のメールをどれだけ受信するかによって異なります。開かれずに削除されるスパムメールは、環境負荷が少なめです。

電子書籍と紙の書籍、よりグリーンなのはどっち？

電子書籍リーダーは確かに便利ですが、紙の書籍のほうが没頭しやすいと感じる人も多くいます。環境負荷はどちらのほうが少ないのでしょうか？

　紙の書籍も電子書籍も環境負荷が生じます。電子書籍を読むのに必要な電子書籍リーダーの製造には、燃料や水、輸送に関連する負荷に加え、電池やスクリーンに必要なレアメタルの採掘を伴います。一方、紙の書籍の場合、製造と輸送において、紙やインク、水（1冊の製造に約32リットルの水が使用されます）、エネルギーが必要です。英国だけを見ても、2018年の紙の書籍販売数は約1億9,100万冊にのぼり、膨大な資源を消費していることが分かります。

　どちらの形態による読書のほうが環境に優しいかは、読む冊数によって異なります。同じ読書冊数に基づいて比較した場合、電子書籍リーダーの製造に伴う排出量を紙の書籍よりも少なくするには、年間25冊以上を読む必要があります。また大半の人が4年ごとに電子書籍リーダーを買い替えるのを考慮に入れると、4年間で100冊以上読む人でなければ、紙の書籍を選ぶほうがグリーンだと言えるわけです。ただし、読書頻度が高い人にとっては、電子書籍のほうが環境に優しいチョイスとなります。

平均的な紙の書籍に伴う排出量の二酸化炭素換算値は

7.5キログラム

にのぼります。

　より環境に優しく読書習慣を楽しむために、次の点に留意しましょう。

- ●電子書籍リーダーの**新しいモデルへの買い替えは我慢し**、本当に必要な場合にだけ買い替えましょう。その際には、必ず古いモデルをリサイクルするか売却するかしてください。

- ●紙の書籍で**読書を続けるなら**、なるべく地元の図書館を利用し（特に子どもの本の場合）、購入するなら（寄付や売却する場合も）、古本屋や慈善団体、リサイクルショップを活用しましょう。

- ●お友だちと**本を交換**しましょう。さらに、職場や地元地域でより大規模な本の交換会を開催すれば、多くの人が地球に負担をかけずに新しい読み物を見つけられます（本書もぜひ交換してください！）。

2019年の世界のニュース関連収入のうち、**85%**は**紙媒体**によるものでした。

▶デジタルニュースは増加しつつありますが、世界では、特にテクノロジーにアクセスする機会が少ない地域で識字率が向上しているため、紙媒体も引き続き人気です。

紙の新聞や雑誌は読んでもいい？

週末の新聞に挟まったレジャー情報のチラシを見るのは
楽しいかもしれませんが、その印刷によって相当の環境負荷が発生します。

紙媒体が衰退しつつあるにもかかわらず、ニュース業界は相変わらず大量の資源を消費しています。英国での2018年における雑誌販売部数は3億7,400万部に迫り、新聞の販売部数はさらにそれを数億部上回りました［日本における2019年の新聞発行部数は3,781万部、雑誌の発行点数は2,734点］。紙媒体の製造には、木材やエネルギー、インク、輸送を必要とします。また高級雑誌の場合、印刷工程で有毒な揮発性有機化合物（VOC）を排出するうえ、紙に光沢のあるコーティングが施されているためリサイクルも困難です。そのため、回収を受け付けていないリサイクルセンターも多いのです。

次のような工夫をすれば、よりグリーンなかたちでメディアの最新情報を追えるでしょう。

● 新聞は**ニュースアプリ**やニュースサイトに、またお気に入りの出版物はデジタル版に**切り替えましょう**。デジタル版もカーボンフリーではありませんが、紙媒体に比べると環境負荷を軽減できます。

● 通勤時などに無料配布されている雑誌や新聞を**もらうのはやめましょう**。多くのフリーペーパーは、ほんの数分間目を通しただけで捨てられてしまいます。

● **それでも紙媒体を応援したいなら**、読み終わった後にお友だちに譲ったり、寄付したり、工作に使ったりして、最後はできる限りリサイクルしましょう。

自分のお金を地球のために役立てるには？

社会はお金のおかげで円滑に機能しています。
とはいえ、お金の使い方や貯め方、投資の仕方をどう選択するかによって、
地球にプラスにもマイナスにも作用しうるという認識が広がりつつあります。

　私たちは、デビットカードやクレジットカード、あるいは現金を使う際に、毎回ささやかながらも、地球の未来を守るために消費者として選択する機会を得ます。最近では、「人（people）、地球（planet）、利益（profit）」からなる「3つのP」に配慮した企業である証として、国際的な認証の取得を目指すブランドも少なくありません。その認証のひとつである「B Corp」は、「3つのP」を守るために企業の規則や定款といった法的なガバナンス文書の変更も求めるほどで、取得が極めて困難とされます。

　何かを購入する前にはよく考えて、環境に配慮しながら選択しましょう。

日々のお金を預ける銀行

　最近までほとんどの銀行は、化石燃料から軍需産業、採鉱企業にいたるまで、最も高い利益をもたらしてくれる産業に投資を行ってきました。ところが最近では、未来を見据えて、エシカルな投資方針を推進する銀行が増加しつつあります。環境への意識が高い銀行は、自社の投資活動に透明性を確保し、エネルギー効率に優れた住宅計画や慈善団体といった前向きな環境的・社会的目標を有する組織への融資を優先させる動きが見られます。

　お住まいの国を拠点とし、投資対象や、支援先の慈善団体を明確にしている銀行を選びましょう。透明性の高い銀行システムは、より公正な社会を推進する助けにもなります。

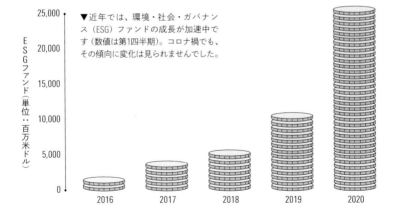

▼近年では、環境・社会・ガバナンス（ESG）ファンドの成長が加速中です（数値は第1四半期）。コロナ禍でも、その傾向に変化は見られませんでした。

ESGファンド（単位：百万米ドル）

25,000
20,000
15,000
10,000
5,000
0

2016　2017　2018　2019　2020

エシカルな投資

　従来より証券取引所には、石油、兵器、銀行業務などを扱う企業が多数名を連ねてきました。それでも、現在ではエシカルな企業のみを取り扱う新たな投資商品の新興市場も登場して拡大を見せており、英国におけるこのセクターは2027年までに173%の成長を遂げる見通しです。グリーンな投資はさまざまな方法でできるのです。

2016〜2018年の間に、世界のサステナブル投資は34%増加しました。

●預金や株式、年金が**あるなら**、その投資先をよく吟味し、自分が応援したいセクターや避けたいセクターを考えてみてください。エシカルファンドや投資サービスを利用すれば、あなた自身の価値観に合う企業を見つけられるでしょう。環境・社会・ガバナンスに関する問題を最優先にして投資を行う機会（ESG投資）についてもネット上でぜひ調べてみてください。

●高額投資を**考えているなら**、社会的企業やサステナビリティ重視の企業に（個人または集団で）直接投資を行う「エンジェル」投資を検討しましょう。

●**マイクロファイナンス**や小口融資は、発展途上国の起業家（その多くは女性）に事業の立ち上げ資金を融資するものです。また、返済された資金を別の融資先に再投入して、循環型のシステムを生み出します。

保険

　エシカルな保険を選ぶには、銀行や投資の場合と同様に、保険会社が責任と透明性のある投資ポリシーを設けているかどうかの確認が大切です。投資方針を明確にしている保険会社（わずかしかありませんが）を選ぶようにしましょう。また、「ClimateWise（クライメートワイズ）」の加盟企業にも注目してください。これは、保険会社が気候変動リスクへの自社の対策を開示し、気候変動に対する認識を高め、環境のために戦略的な投資を行う自主的なイニシアチブです。

慈善団体への寄付

　資産の一部を慈善団体への寄付に充てるのは、非常に価値のある行為です。地球が抱えるいくつもの問題を目の前にして支援先を選ぶのは、容易ではないかもしれません。どうすべきか分からない場合は、地元の小規模な慈善団体を支援してみるのもおすすめです。地域に焦点を当てた慈善団体には少額の寄付でも大いに役立ちます。また地域の問題を支援すれば、地域の連帯意識も築けるでしょう。あるいは、あなたが最も重視する気候関連問題に取り組んでいる慈善団体を探すのもいいかもしれません。

環境に大きなダメージを及ぼす
レジャースポーツとは？

スポーツは健康や幸福感を向上させてくれますが、
やはり生態系に影響を及ぼします。地球の幸福感にも配慮したいなら、
最新技術に頼らずにスポーツを楽しみましょう。

　人気の高いレジャースポーツ（とりわけ専用の用具や移動が必要なスポーツ）には、環境に大きな負担をかけるものもあります。

スキー

　スキーは移動や多数の用具が必要なだけでなく、土壌を圧縮し、植物にダメージを与えるため、スキーをする山そのものに極めて有害な影響があります。また、スキーリゾートではリフトやケーブルカーが多大なエネルギーを消費し、二酸化炭素排出量も多くなります。さらに、気候変動により冬の期間が短くなっている影響で、多くのスキーリゾートが人工雪を製造しており、それが膨大な水使用を招いています。

ゴルフ

　平均的なゴルフコースでは、きれいに整えられた芝の維持に、年間1億8,900万リットルもの水を使用します（住民1,400人の集落における1年間分の水使用量に相当）。過度に手入れのされたゴルフコースが、野生生物の生息地や炭素吸収源としての役割を果たせるか否かという点も議論の余地があるでしょう。

サーフィン

　サーフィンをすると海への敬意は強まるでしょう。しかし、従来型のサーフボードやウェットスーツは環境に優しくありません。いずれもリサイクルができないため、

土地面積80.9万ヘクタール

1日当たりの水使用量79億リットル

▶ゴルフコースに使用されている米国の土地面積と、水やりの水使用量の推定。いずれも膨大な数値です。

たった1回のレジャーでしか使わなかった安価な発泡材やポリスチレンのボードが、埋め立て処分場に永遠に残り続けるおそれもあります。さらにほとんどのウェットスーツはクロロプレンゴム製ですが、これには石油など、掘削や採掘を要する原料が使用されています。

あなたが選んだレジャー活動がもたらす負荷を意識すれば、よりグリーンな習慣を取り入れるヒントになるでしょう。

● **スキーをするなら**、スキーリゾートへの移動には飛行機でなく電車を利用しましょう。
● ゴルフ**愛好家なら**、サステナブルな水管理や「緑の回廊（コリドー）〔希少な野生生物の生息地どうしをつなぐ移動路となる森林や緑地〕」の創出、ソーラー式のゴルフカートの導入などをしている環境に優しいゴルフコースを探してみましょう。使用している土地を維持するためにどのような取り組みを行っているかを、地元のゴルフコースに問い合わせてみるのもいいでしょう。
● 用具が**必要な場合は**、生分解性のゴム製ヨガマットやコルク製ヨガブロック、木製のサーフボードなど、プラスチック不使用で生分解性素材のものを探しましょう。
● 古くなった用具は**寄付か売却**をし、用具はなるべくレンタルで済ませましょう。スキーからテントまで借りられるレンタルプラットフォームも多数あります。

グリーンにエクササイズをするには？

健康づくりとグリーンな生活は両立可能です。エクササイズをほかの活動と組み合わせたり、通っているジムにさらなる努力を求めたりしてみましょう。

暖房の効いた部屋で電気機器を使ってエクササイズを行えば、大量のエネルギーを消費するでしょう。さらに、ジムの自販機や売店にはプラスチック包装の飲食物が溢れているケースも多く見られます。

エクササイズはジム内ではなく屋外や自宅で、最新技術に頼らずに行うのがおすすめです。ランニングやサイクリング、屋外のサーキットトレーニングはどれも環境負荷が少ないエクササイズです。

● **ジムでのエクササイズクラス**から、屋外ブートキャンプや自宅でのワークアウトに**切り替えましょう。**
● **ジム通いが好きな人は**、電子機器を使うクラスではなく、ボディウェイトを活用するエクササイズのクラスを選びましょう。また、通っているジムに、どのような電力源を利用しているかや、使い捨てプラスチックを削減できないかなどの質問を投げかけてみましょう。ジム側が関心を示さないようなら、より環境に配慮したジムへの切り替えも検討してください。
● **自販機や売店で買える**飲み物や栄養補給食品の利用は**やめましょう。**代わりに自宅から水筒や軽食を持参してください。
● ごみ拾いと**エクササイズを組み合わせて**、「ビーチクリーン」と呼ばれる海岸の清掃活動や、ジョギングをしながらごみ拾いを行う「プロギング」を楽しみましょう。

家族と恋愛

最もグリーンな避妊方法とは？

徹底的にグリーンを追求するなら、
使用する避妊具についても考えてみるといいでしょう。
なかには、環境とあなたにとって負担が大きくなるものもあります。

避妊具については、人気の高い方法であっても、使用する本人のみならず環境にも負の副作用を及ぼしうるものがあります。

環境負荷の大きい避妊方法

一般的なコンドームの場合、化学的に強化されたラテックスを用いているものが大部分を占めます。ラテックス自体はゴムの木（131ページを参照）から調達された天然物ですが、コンドームに使用されているノノキシール9（殺精子剤）やパラベン類（防腐剤の一種）などの一部の化学物質は、あなた自身にも環境にも望まない副次的影響を及ぼすおそれがあるものです。長続き効果や、快感や刺激を高める効果を謳っているブランドは、一般的により多くの化学物質を使用していると考えられるでしょう。このような化学物質の一部が、ホルモンや膣内フローラ（膣内の細菌叢）をかく乱するおそれがあると示唆する研究もあります。また、コンドームが埋め立て処分されると、そのような化学物質が地下水に浸出する可能性もあるでしょう。加えて、大部分のコンドームにはカゼインと呼ばれる乳タンパク質が含有されるため、ヴィーガンとは呼べない点にも留意してください。コンドームが使い捨て製品であり、生分解に数千年を要する点も考慮すべきでしょう。年間90億個ものコンドームが販売されているのを考えれば、どれほど多くのラテックスが埋め立て処分されているかが想像できるはずです。

米ニュージャージー州では、**2018年の海岸清掃活動**において、**565個のコンドーム**が回収されました。

一方、ホルモン剤の経口避妊薬（ピル）は、プラスチックに包装されているものの、廃棄物量はコンドームほど多くありません。ピルが環境に及ぼす影響の大部分は、含有される化学物質が体内を通過して水路に流れ込むことによるものです。研究によれば、合成エストロゲンは水中で魚の産卵に悪影響をもたらし、海洋生態系を混乱させるおそれがあります。

ほかの数種類の避妊具についても同様の懸念があります。避妊リングと避妊パッチはいずれもプラスチック包装されており、それぞれ毎月あるいは毎週の交換が必要なうえ、それ自体がプラスチック製で、さらにホルモンを放出します。ペッサリーや子宮頸管キャップはシリコン製で2年間繰り返して使え、ホルモンを含まないため、害の少ない選択肢だと言えるでしょう。

グリーンな避妊方法とは

「避妊リング」（子宮内避妊器具：IUD）は、子宮内に挿入し、長期的に留置して使用す

る避妊具です。環境面から言えば、長期的に使い続けられるので、ほかの避妊具に比べて廃棄物をほとんど発生させません。さらにピルとは異なりホルモンをまったく放出しないか、あるいは少量の黄体ホルモンを放出するだけなので、人工的に合成されたホルモンが体内を通過して水路に流出するリスクもごくわずかです。

排卵周期を記録して妊娠を避けるのに最適な時期を算出してくれるアプリを使えば、環境への負担を最小限に抑えられるようにも思えますが、一部の研究では失敗率が27%にのぼるとされ、その有効性に議論の余地が残ります。

環境に優しい避妊具にはさまざまな選択肢があります。どれを使うべきか分からない場合は、医師に相談しましょう。

● 自分にとって**どれが適しているか**をよく**考えましょう**。どの避妊方法を用いるかは個人的な判断であり、同じ方法がすべての人に適しているわけではありません。もしあなたが、環境への配慮を最優先に考えるなら、いくつかの点を心に留めておくと役立つでしょう（表を参照）。

● **長期的**に使える、ホルモン剤を含まない避妊具の使用を**検討しましょう**。

● 生分解性で、かつ必要であればヴィーガンの**コンドーム**を探しましょう。天然のラテックスと植物由来の潤滑剤を用いているブランドもあります。ゴムが公正に取引され、サステナブルに栽培されたものであるかも確認しましょう。

● コンドームを**トイレに流さないでください**。下水を詰まらせるほか、海洋に流出して海洋生物や鳥が誤飲してしまうおそれがあります。

避妊方法

コンドーム
大量のごみを発生させます。生分解性であるものの長期的に残り続けるうえ、人間や動物に有害な化学物質を含むものも多くあります。

ピル
プラスチックごみを発生させます。また、ホルモンが給水システムに入り込んで生態系や人間に長期的な影響を及ぼすおそれがあります。

避妊リング／IUD
ごみも化学物質も少なく、地球にとっては理想的な選択肢ですが、使用者にとっては装着が問題となる場合もあります。

「環境に優しい生活スタイルへの
切り替えは病みつきになります。
周りの人も誘ってみましょう」

セックスライフをよりグリーンに楽しむには？

寝室では環境問題を考慮する必要はないと思うかもしれませんが、
サステナブルな転換を取り入れて
環境に優しく楽しめる方法もたくさんあります。

セックスライフを豊かにするために、あなたがパートナーと一緒に、あるいはひとりで使用するアイテムは、どれも地球にいくらかの負担を与えます。天然素材で製造されている市販の製品はまれなうえ、通常はリサイクルを前提としたデザインではありません。セックスやマスターベーションをより快適に楽しむために潤滑剤を使用する人も多くいますが、市販の潤滑剤の大半にはコンドームに使用されているのと同じ化学物質が含まれており（180ページを参照）、しかも通常はリサイクルできないプラスチック製の容器に入っています。

セックストイもまた、多くがプラスチック製で、電池を使用（140ページを参照）するため、環境面での問題が生じます。セックストイを販売するネットショップにはリサイクルプログラムを設けているところもあるものの、一般的に言えば使用済みのセックストイはリサイクルされません。電池式のバイブレーターなどは特にそうですが、素材別に分解するのが困難なためです。そして、大半は埋め立て処分場で時の経過とともに劣化し、やがてマイクロプラスチック（96ページを参照）とシリコンが残ります。それに比べると、シリコン素材のみでできているアイテムはリサイクルが容易です。シリコンは製造に枯渇性の石油や天然ガスを使用するというマイナス面もあるものの、非常に壊れにくい素材でもあります。さらに、プラスチックに比べ不活

性度が高いため、埋め立て処分されても化学物質の土壌への浸出はごくわずかです。

グリーンな精神を貫くには、天然由来成分や、よりシンプルなアイテムを探すといいでしょう。

●**潤滑剤は**、石油系以外で、パラベン類などの化学物質を含まない製品を**探してください**。天然成分を用いた（好みでヴィーガンの）オーガニック製品を選びましょう。

米国のある調査によると、
潤滑剤を使用する女性は
65％以上にのぼります。

●**自家製の潤滑剤をつくってみましょう**。ネット上ではココナッツ油やアロエベラなどを材料に用いたレシピがたくさん見つかります。

●**セックストイを購入するなら**、シリコン製よりも、ガラス製か木製で、精巧につくられた高品質の製品を探しましょう。見つからない場合は、プラスチック製よりもシリコン製を選ぶようにしてください。

●**電池が不要な製品を選びましょう**。ソーラー式のバイブレーターもあります。最近では生分解性のバイブレーターも登場していますのでぜひ調べてみてください。

●数回楽しんだだけで壊れてしまうものではなく、何年間も使い続けられる**製品にお金を投じましょう**。

子どもをもってもグリーンであり続けられる？

人口の急増は、現在最も差し迫った環境問題のひとつです。
なかには子どもをもつことについてどう考えるべきか、
深刻なジレンマを抱えている人もいます。

　本書執筆時点における世界の人口は約78億人。2100年には109億人にまで増加すると予測されています。これだけの人口増加が地球への負担を増大させている現状を踏まえると、子どもをもつことは二酸化炭素排出量の最も大きい選択のひとつだと言えるでしょう。

　気候崩壊を食い止めるには、2050年までに1人当たりの二酸化炭素排出量を年間約2トン以下に削減する必要があるとされます。現時点での1人当たり年間排出量は、オーストラリアと米国でおよそ16トン、英国ではおよそ7トン。一方、先進工業国と貧しい国を比較してみると、1人当たり排出量の差はより顕著に現れます。過剰人口対策というと、人口が最も急増している発展途上国に焦点が当たりがちですが、地球の生態系を危機に追い込んでいるのは欧米諸国による資源の過剰消費なのです。世界人口が急増すれば、すでに逼迫している資源に、ますます大きな負担がかかるでしょう。

　また人口が増加を続けると、人間と動物種との対立が発生します。陸上の哺乳動物に関する調査では、増加する人間が森林や水、食料などの天然資源を動物と奪い合ってきた結果、過去100年間で哺乳動物の半分近くが生息地の80%を喪失したことが明らかとなりました。

　気候変動問題に対する意識が高い人にとって、地球への負担を増大させても子どもをもつべきかという判断は、非常に感情的で困難な選択です。なかには、子どもをもたないという決断をする人もいます。2019年に英国で立ち上げられた支援グループで、政治運動も行う「BirthStrike（バースストライキ）」は、気候危機を理由に子どもをもたない決断をした人々が集まる団体です。また、子どもの数を意識的に1人だけに限定するカップルもいます。2017年のある研究では、先進国で子どもを産む数を1人少なくすると年間58.6トン相当の二酸化炭素排出を削減できると算出されてお

富裕国の子ども
最大で年間16トン

発展途上国の子ども
年間0.07〜0.1トン

◀2017年の国別の1人当たり平均二酸化炭素排出量。富裕国と発展途上国のカーボンフットプリントの隔たりが際立ちます。

り（子どもの子孫についても考慮に入れた数値）、出生数を減らすのは、個人レベルとしては非常に大きな影響力のある環境対策のひとつだとも言えます。ただし、子どもをもちたい人でも、環境負荷を軽減できる方法はあります。

● **すでにお子さんをおもちの場合**は、大人になってから地球のために各自が果たせる責任について教育しましょう。

● **子どもをもちたい**けれど、地球上の人口増加による影響に強い不安を感じるのであれば、里親になったり、養子縁組をしたりする選択肢もあります。オーストラリアでは、新しい家庭を必要とする子どもたちが毎年4万人以上もいますが、養子として引き取られる子どもはわずか0.5%にすぎません。英国では、すでに保護されている子どもたちを世話するために、さらに8,000世帯以上の里親が必要です。

● 発展途上国の女子教育を推進する**組織を支援しましょう**。貧困国における女子の就学期間を延ばして就業の促進につなげれば、結婚や子育ての時期が遅くなるため、出生数も減少するでしょう。

紙オムツと布オムツ、どちらを選ぶべき？

紙オムツは埋め立て処分場に山積していますが、
一方で布オムツはエネルギーと水を要します。

英国での紙オムツ使用量は年間約30億枚〔日本での使用量は年間約120億枚〕。大半の赤ちゃんはトイレトレーニングの完了までに4,000～6,000枚の紙オムツを消費するとされます。使用後は大部分が埋め立て処分されますが、分解には数百年を要します〔日本では大部分が焼却されます〕。一部は燃料として焼却されるものの、それもやはり温室効果ガス排出の増大につながります。

とはいえ、必ずしも布オムツのほうがグリーンだというわけではありません。2年半分の布オムツの洗濯に要する電力の二酸化炭素排出量が570キログラムにのぼる一方で、同じ期間に必要な数の紙オムツの製造に伴う二酸化炭素排出量は550キログラムであるという調査報告もあります。ただし、洗濯と乾燥を責任ある方法で行えば、全体では布オムツのほうが負荷を少なくできるでしょう。

● **布オムツを洗濯するとき**は、乾燥機を使わずに乾かしましょう。

● 布オムツを使う**決心がつかない場合**は、実際に購入する前にさまざまな種類を試せる“お試しレンタルセット”を探してみましょう。

● 布オムツと紙オムツの**併用を検討**しましょう。夜間や外出時は紙オムツにしてもいいかもしれません。

● **おしりふきシートを下水道（トイレ）に流すのはやめましょう**（187ページを参照）。

離乳食は手づくりしたほうが環境に優しいの？

どんなに調子の良いときでも、離乳食はなかなか難しいもの。そのうえ、赤ちゃんにできるだけサステナブルなものを食べさせてあげようとすると、越えなければならない山はさらに大きくなるでしょう。

ベビーフードもほかの加工食品と同様に、サプライチェーンが長いものは製造から輸送までの二酸化炭素排出量が大きくなります。また、そのパッケージングも問題です。使い捨てパウチ［袋］は便利ではあるものの、複合素材のためリサイクルが難しく、世界的な使い捨てプラスチック問題の悪化を引き起こします。

一方、自分で離乳食を手づくりしたり、果物やパスタなどを小さく切ってつかみ食べできるようにしたりすれば、赤ちゃんの口に入るまでの工程の一部を自分で管理できます。そのうえ、赤ちゃんの食事に用いられる食材も正確に把握できるので、カーボンフットプリントやウォーターフットプリントの大きい食品（55ページを参照）も避けられるでしょう。

レトルトのベビーフードについては、グリーンなブランドが簡単に見つかりますので、ぜひそちらを選択してください。事実、ベビーフードに関してはほかのどの食品よりもオーガニック食を選ぶ可能性が高いはずです。日本でも、有機JASマークが表示されたベビーフードが販売されています。

それでは、赤ちゃんが離乳食を始めるその日から、グリーンな食生活を送れるようにするためのコツをご紹介します。

- ●離乳食はなるべく、いちから**手づくりしましょう**。旬の野菜や果物を使えば、環境に優しいうえに栄養豊富な食事になります。
- ●ベビーフードを**購入するなら**、地元で製造されたオーガニックのものを探しましょう。
- ●**市販のベビーフードを購入する場合は**、リサイクル可能なパウチや容器（ガラスびんなど）に入った製品を選びましょう。手づくりした離乳食を入れられる再使用可能な保存容器も購入できます。

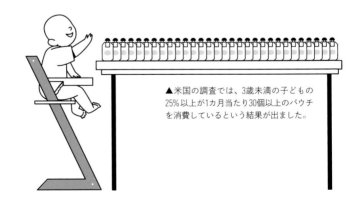

▲米国の調査では、3歳未満の子どもの25%以上が1カ月当たり30個以上のパウチを消費しているという結果が出ました。

最も環境に優しいベビー用品を選ぶには？

グリーンであることと、赤ちゃんに最適な玩具やベビー用品選びには
密接な関わりがあります。プラスチックを避け、
昔ながらの素材と新たな技術の融合を享受しましょう。

　赤ちゃんが生まれると、買わなければな
らないものが次から次へと出てきて、なか
には環境に悪影響を及ぼすものも少なくあ
りません。そのかなりの部分を占めるのが、
プラスチック製アイテムや、プラスチック
で包装されたアイテムです。これらのプラ
スチックは調達や廃棄の問題を抱えている
だけでなく、多くが柔軟性をもたせて成型
を容易にする目的で、有毒性があるとされ
る BPA（ビスフェノールA）やフタル酸エ
ステルを大量に含有しているのです。

　多くの日用品に伴う一般的な問題は、ベ
ビー用品にも同様に当てはまりますが、幸
い、現在ではより環境に優しい製品がこれ
まで以上に手に入りやすくなっています。

●天然ゴムを用いたおしゃぶりから、シリ
　コンの乳首付きのスチール製やガラス製
　哺乳びん、木製やシリコン製の割れにく
　い食器類にいたるまで、ベビー用品のほ
　ぼすべてを**プラスチック不使用の製品で
　揃えられます**。

●ブランケットやベビー服などの布製アイ
　テムの**素材は**、合成繊維よりもオーガ
　ニックコットンや天然繊維を選ぶように
　しましょう。どのようなオムツが最も環
　境に優しいかについては、185ページを
　参照してください。

●ベビー用スキンケアには、**オーガニック
　製品や合成成分を含まない製品を選ぶ**
　か、キッチンの戸棚に入っている材料を
　活用して手づくりしましょう。ネット上

には人工的な化学物質を含まない“ク
リーン”なスキンケアグッズの手づくり
用レシピが多数見つかります（スキンケ
アの詳細については81ページを参照）。

●**使い捨ての**おしりふきの使用をやめて、
　繰り返し使える竹製おしりふきや、赤
　ちゃんに優しいアンキ剤やオイルを染み
　込ませて肌への刺激を抑えた布に**切り替
　えましょう**。使い捨てのおしりふきを使
　う場合（外出時など）は、プラスチック
　不使用で生分解性の製品を選びましょ
　う。一般的なおしりふきの大部分は、プ
　ラスチック繊維が含まれているため、ト
　イレに流した場合はマイクロプラスチッ
　クの原因となります。

赤ちゃんのおよそ85%は
おしゃぶりを使いますが、
おしゃぶりの多くは
プラスチック製です。

●**リサイクル素材**でつくられたベビーカー
　から、ペットボトルを原料にしたオムツ
　入れまで、思いつくものはすべてリサイ
　クル素材の製品を**探しましょう**。

●ベビーベッドのマットレスには**オーガニッ
　ク素材を選び**、プレイマットはスポンジ
　状でカラフルなプラスチック製ではなく、
　コルク製を選択しましょう。

▼英国の平均的な子どもが10歳までに所有する玩具は、これだけの数にのぼるという調査結果が出ています。

プラスチック製玩具は避けるべき？

使い捨てプラスチックはメディアで大きく批判されていますが、
気候変動にとってそれ以上に大きな問題なのは、
子ども向けのプラスチック製玩具かもしれません。

積極的な広告を利用して、最新の人気商品を子どもに買い与えなければというプレッシャーを親に与える色鮮やかな子ども向け玩具業界。その売り上げは世界全体で年間740億ポンドにものぼります。近年では子どもがもつ平均玩具数が大幅に増加していますが、そのほとんどがすぐに使われなくなって捨てられてしまいます。安価であまりにも大量に製造されるプラスチック製玩具は、子どもたちにとってだけでなく、地球にも数多くのマイナス面があります。なかでも、世界の玩具の約80%を製造する中国では、環境への配慮が足りない工場も多く、さらに世界中への玩具輸出により空輸距離も膨大となります。また、多くの玩具に付属する過剰なプラスチック製包装材も、埋め立て処分となるごみを増やします。

さらに、プラスチック製玩具の多くはリサイクルができません。金属などの異なる素材を含む多くの玩具も、リサイクル施設で素材別に分別するのが困難です。ほかのプラスチック製品と同様に、プラスチック製玩具に付いている樹脂識別コード（SPIコード）を確認するとリサイクル可能かどうかを確認できます［英国の場合。日本では樹脂の種類に関係なくリサイクルされます］。

また、多くのプラスチック製玩具はポリ塩化ビニル（PVC）を用いており、多数の化学添加物を含有します。一部のプラスチックに含まれる化学物質のなかでも特に懸念されるのが、内分泌かく乱化学物質であると疑われるフタル酸エステルとBPA（ビスフェノールA）です。現在EUでは、子どもが噛んだり、しゃぶったりする可能性のある製品について、これらの物質の使用が禁止されています。一部のプラスチック製玩具には、有害な重金属が微量に含まれている場合があります。

それでは、子どもたちにとっても地球にとっても安全に遊びを楽しめるようにするための方法をご紹介します。

●木材やリサイクル素材、または段ボールのような環境負荷が少ない素材を用いた**玩具を選びましょう。**

●中古の玩具には**注意してください。**最新の安全基準を満たしていない製品もあります。

●最初から、**購入する玩具数を少なくしましょう。**消費量を減らせるだけでなく、もっている玩具の数が少ない子どもは、たくさんの玩具を買い与えられた子どもよりも同じ玩具で長く遊び続け、より想像力を育めるというメリットを示した研究もあります。お子さんがバランスよく遊べるように、本や工作もいっそう大切にしましょう。

子どもの玩具の**90%**はプラスチック製です。

●**玩具のレンタル会社を調べてみましょ**う。玩具を6カ月間レンタルした後、成長に伴うニーズの変化に合わせて新しい玩具に交換できるサービスを提供している会社もあります。

●古くなった玩具は埋め立て処分せずに済むように、**譲ったり、寄付したり**しましょう。

●**善意のある**ご友人や家族には、プラスチック製以外の玩具を選ぶよう、さり気なく提案してみましょう（126ページを参照）。

成長に伴って使わなくなった子ども用品をリサイクルするための最善の方法とは？

過剰消費が蔓延している先進国では、子ども用品を譲る手段を把握しておくのが大切です。

子どもをもつと、ベビー用品から子ども服や玩具にいたるまで、ひっきりなしに片づけているつもりでも、成長とともにどんどん増えていくものです。使わなくなった子ども用品が活用され続けるようにできる方法もたくさんあります。

●メルカリやヤフオクなどの**ネット上のマーケットプレイス**では、玩具や子ども服、その他の子ども用品を売りに出せます。

●友人や家族の**輪をつくり**、成長に合わせて子ども服や本、玩具などを譲り合えるようにしましょう。

●子どもの衣類や玩具は慈善団体に**寄付しましょう。**

●年齢に合わせた服や玩具セットをレンタルできる**会社を調べてみましょう。**

●地元の幼稚園やプレイグループ、学校に**連絡してみましょう。**状態の良いものであれば、古い玩具や本を喜んで受け入れてくれる場合も少なくありません。

ペットを飼うことは環境に優しいの？

多くの人々にとって、ペットは生活の大事な一部ですが、
ペットの世話にも地球の犠牲が伴います。
それを意識しておくと、カーボン"ペット"プリントの軽減に役立つでしょう。

ペット人気は高く、2020年時点では、米国のおよそ67%の世帯が何らかのペットを飼っているとされます。犬や猫などのペットは多くのメリットをもたらしてくれるもの。毎日の犬の散歩は飼い主にとっても楽しいエクササイズになり、ペットがいればふれあいや安心感が得られ、メンタルヘルスも向上します。しかし一方で、米国ではペットに伴う環境中への二酸化炭素とメタンの排出量が年間6,400万トンにのぼるというデータもあります。これは、路上を走る自動車1,360万台分に相当します。

ペットのニーズ

ペットフード（192ページを参照）をはじめ、ペットを温かく、安全で幸せに保つために必要なリソースはいずれも、環境に影響を及ぼします。食肉産業への依存を減らす必要性があるこの時代においても（34〜37ページを参照）、多くのペットの餌は肉食中心です。犬や猫が食べる餌は、畜産業による温室効果ガス排出の4分の1を引き起こしているとされます。また、犬や猫の排泄物の処分──ビニール袋や猫砂など──によっても大きな負担が生じるのです（193ページを参照）。

飼い猫は3番目に脅威の大きい侵入生物種であるとされます。

飼い猫については、野生生物を大きな危険にさらし、鳥類の数を減少させるという深刻な懸念があります。英国では、放し飼いの猫が年間およそ2億7,500万匹もの餌動物の命を奪っているとされ、鳥類はそのうちおよそ2,700万匹を占めます。

魚を飼う場合、水槽の維持にエネルギーが必要です。一般的に水槽が大型化しているうえ、人気を博している熱帯魚を飼うには高めの水温を保たなければならず、エネルギー消費量は増大しています。加えて、そのような魚を自然の生息地から捕獲するのがサステナブルと言えるかという点に疑問の声もあります。

外来種のペット

また、ペットにする目的で、自然の生息地で捕獲される猿や熱帯の鳥などの外来種が増加している点にも懸念が広がりつつあります。このような慣行の多くは違法であり、また残酷であるケースも少なくありません。極東地域ではペットとしてカワウソが突如としてブームになりましたが、その影響で野生のカワウソの成獣が密猟され、

鶏

フンを肥料として
利用でき、
卵を産みます

ウサギ

草食で、用意が
必要なのは木製の
ウサギ小屋のみ

ヤギ

草食で、
ミルクを
もたらします

▲研究によると、これらの動物が最も環境に優
しいペットであるとされます。

その幼獣がかわいいペットとして売りさば
かれているのです。外来種のペットの多く
は、出荷されるまで監禁され、目的地にた
どり着く前に息絶えてしまう場合もあります。

　この問題については、ペットを一切飼わ
ないこと――繁殖の需要の削減――が最も
グリーンですが、ペットをすでに飼ってい
る人やこれから飼いたい人でも、環境に配
慮しながら飼える方法をご紹介します。

●犬か猫を**飼いたいなら**、ペットショップ
やブリーダーから子猫や子犬を購入する
のではなく、動物保護センターに問い合
わせましょう。英国では、毎年何万匹も
の保護犬や保護猫が新たな飼い主に引き
取られます。

●ウッドチップや植物由来の素材など、**サ**
ステナブルな素材を使った猫砂やおがく
ずを**使用しましょう**（193ページを参照）。

●**ペットには**できる限り環境に優しい餌を
与えましょう（192ページを参照）。

●化学物質を大量に使用したペットシャン
プーやトリートメントはできるだけ**避け**
ましょう。

●ペット用玩具は**プラスチック不使用のも**
のを選びましょう。またペット用のベッ
ドや餌入れ、リードなどのアイテムは、
状態の良いものをオークションサイトか
ら中古で購入するのもおすすめです。

●外来種をペットにするのは地球に優しく
ないだけでなく、ほとんどの場合は動物
にも優しく**ないという点を忘れないでく**
ださい。

最もグリーンなペットフードとは？

犬や猫の餌は、地球上の食肉生産への負担を増大させますが、
よりグリーンなペットフードを選んで購入することもできます。

ペットフード産業は、食肉生産に関わる資源（土地、動物、エネルギー）の25%を消費していますが、ペットフードの環境負荷は、どこで、どのように製造されたかに左右されます。大量生産された肉（36〜37ページを参照）を使用する廉価なブランドは、過度に加工された安価な食品ブランドと同様に、環境に非常に大きな負の影響をもたらすと言えます。それとは対照的に、プレミアムブランドや"グルメ"ブランドの多くは人間の食肉としても利用できる水準の肉を用いているものの、内臓肉などのあまり好まれない部分を使用しないため、廃棄物を削減する機会を逃しているのです。

犬や猫をベジタリアンとして育てられる？

犬はデンプンを消化するのに必要な「アミラーゼ」という酵素を体内で分泌するため、穀類由来食品も食べられ、理論的にはベジタリアン食に耐えられます。ヴィーガン食やベジタリアン食のドッグフードも購入は可能ですが、健康維持のためにはさまざまなタンパク質やビタミンが必要なので、使用については慎重に検討すべきです。ベジタリアン用ドッグフードの4分の1には、犬にとって必要不可欠な栄養素が十分に含まれていないという調査結果もあります。
一方、猫は確実に肉食動物であり、ベジタリアン食やヴィーガン食では生きていけません。

52%の猫と……

最大
59%の犬が、
過剰に餌を与えられていると推定されます。

ここで、ペットの餌がもたらす環境負荷を抑制するためにできる工夫をご紹介します。

● **犬を飼っている場合**は、肉食と菜食の混合食を検討しましょう。

● 昆虫や人工肉（37ページを参照）を原料とした革新的なドッグフードなど、新たに市場に登場しているペットフードを**常に把握しておきましょう**。やはり環境に影響を及ぼすものもありますが、将来的にはより良い解決策が登場するかもしれません。

米国では**犬や猫**の餌のために使用されている**土地資源**が**20%**にものぼります。

● **猫を飼っている人**は、オーガニックのキャットフードや、使用している肉を明記しているブランドを選びましょう。

● 最もリサイクルしやすい**缶入りのペットフードを購入しましょう**。堆肥化可能な袋に入ったドライフードもおすすめです。

犬用トイレ袋や猫砂の選び方とは？

ビニールの犬用トイレ袋や大量の猫砂は、グリーンではありません。より良い解決策を見つける必要があるでしょう。

平均的な犬の飼い主はトイレ袋を年間約1,000枚使用します。確かに「生分解性」を謳うトイレ袋もあり、標準的なビニール袋より望ましいものの、そう書かれているものにも注意が必要です。なかには、まったく分解されない袋や、分解に数十年を要する袋もあるためです。

また、一部の猫砂の主成分となっている粘土には、「露天採掘（露天掘り）」という採掘方法が用いられます。これは粘土層に到達するまで表土を取り除いていく手法

で、植生を破壊し、生物の生息環境を奪い、土壌のミネラル類を枯渇させ、洪水のリスクを高めます。クリスタル状の猫砂にもやはり採掘が関与しており、加えて、発がん性物質が含まれているおそれもあります。

● 田園地方に**お住まいであれば**、犬のフンは棒を使って茂みに入れましょう。水路や通りのそばに放置しないように注意してください。

● 生分解性に最も優れている**コーンスターチ製**のトイレ袋を**選びましょう**。

● **庭がある場合**、犬のフンを肥料にする機械を購入するという選択肢もあります。ただし、犬のフンには病気を媒介するバクテリアが含まれているため、自宅での堆肥化はおすすめできません。

● **室内用猫砂トレーを使わないようにする**か、木くずや紙のような天然素材を用いた猫砂を使用しましょう。

死後もグリーンでありたいなら？

こころが弾むようなトピックではないかもしれませんが、
地球への負担を減らす方法を知りたいと考える人が増えている以上、
グリーンな埋葬に関する議論をしておくのも大切です。

　日本では従来より火葬が主流ですが、西洋諸国でも、土葬の代わりに火葬を選択する人がますます増加しており、米国でも火葬が50％を上回るようになりました。土葬用の土地不足が大きな問題となっているのもこの変化の一因でしょう。しかし、火葬では1回当たり400キログラムの二酸化炭素が大気中に放出され、大気中の温室効果ガスの増加を招きます。土葬の場合は、二酸化炭素排出を直接的には助長しませんが、地中スペースの問題以外にも環境への影響があります。なかでも大きな懸念のひとつは、遺体処理防腐液や、化学療法などの医療行為による化学物質からの毒素が、時間の経過とともに棺周辺の土壌に浸出するこ

堆肥葬では、棺の中で人体がわずか30日間で完全に分解されます。

とです。
　より環境に配慮した、代替的な埋葬方法も選択できます。英国では、2017年に行われた埋葬の10％が代替的な方法を用いたものでした。葬儀によって生じる環境負荷を自分でもっと管理できるようにしたいと望

む人が増えている影響で、この割合は増加しつつあります。よりグリーンに人生の幕を閉じるためには、少し時間をとって自分にどんな選択肢があるのかを考えてみたり、最も近しい人々に希望を伝えておいたりするといいでしょう。

環境に優しい棺と自然葬

　自然葬は、人気が高まりつつある埋葬方法です。化学防腐剤や遺体処理防腐液を使用せず、ボール紙や柳、藤などのサステナブルに調達された生分解性素材の棺を用いるため、遺体は自然に、かつ速やかに分解されます。
　自然葬での埋葬は、森林などの自然のなかでの葬儀とともに執り行われるケースも少なくありません。葬儀は、埋葬場所とは別の場所でも、また希望に合わせて宗教形式でも無宗教形式でも執り行えます。墓地には、採掘を要する大理石や御影石を用いる一般的な墓石の代わりに、目印や思い出となる樹木を植えたり、石板を置いたりしてもいいでしょう。この埋葬法は環境負荷が少なく、従来の墓地に比べて、自然と一体化できるかたちでの埋葬が可能です。故人の大切な人たちが戻って来られる特別な場所となるうえ、葬儀費用はその土地の保全に充てられます。

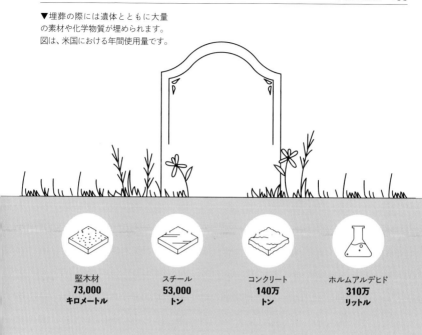

▼埋葬の際には遺体とともに大量の素材や化学物質が埋められます。図は、米国における年間使用量です。

堅木材
73,000
キロメートル

スチール
53,000
トン

コンクリート
140万
トン

ホルムアルデヒド
310万
リットル

その他の新しい埋葬方法とは

　米国やオーストラリアなどの国々では「堆肥葬」が徐々に導入されつつあります。堆肥葬では木質チップや生きた植物性素材を用いて効率的な分解を促して、遺体をわずか1カ月ほどで土にします。英国と米国では、「リソメーション（resomation）」や「液体火葬」と呼ばれる方法を導入している企業もあります。これは遺体をアルカリ性溶液に浸して数時間のうちに溶解させる方法で、故人の大切な人々は灰状になった骨を持ち帰れるようになっており、液体は廃棄物処理場に送られます。

その他の死後の習わし

　愛する家族を失ったときには、竹などの生分解性素材を用いた「バイオ骨壺」や「生きる骨壺」をリクエストするのもいいでしょう。これは、底に火葬された遺灰を入れ、その上に培養土を加えて、そこに若木を植えるタイプの骨壺で、地中に埋めた後は、木の成長に合わせて分解されます。

　また弔問客に対して、献花（123ページを参照）の代わりに事前に選んだ慈善団体への寄付を求める家族も少なくありません。さらに、故人の遺志を尊重して、霊柩車や移動、通夜に伴う二酸化炭素排出量のカーボンオフセットへの協力を弔問客に呼びかけるのもいいでしょう。このような方法の相談に対処してくれる環境に優しい葬儀社もあります。

旅行と移動手段

いちばんグリーンな移動手段とは？

学校の送り迎え、買い物、毎日の通勤——ちりも積もれば山となります。
移動手段は賢く選びましょう。自動車よりも自転車のほうが好ましく、
長距離移動には鉄道がベストです。

　移動手段は、世界の温室効果ガス排出の最大の誘因のひとつであり、排出量では全体の約14%を占めます。それでも、多くの人々が日常的に移動手段を選択する場面に出くわすため、一人ひとりがグリーンな行動をすれば実際に効果をもたらせる分野でもあります。

　短距離の移動であれば、徒歩がほかのどの移動手段にも勝るのは言うまでもありません。同じく自転車も温室効果ガスを排出せず、購入の際に国産ブランドを選んで空輸距離を短縮すれば環境負荷を軽減できます。電動アシスト自転車や電動キックボードについてはもう少し複雑なため、詳しくは次ページを参照してください。

快適さよりも良心を重視

　ガソリンやディーゼルを燃料に用いたバスの二酸化炭素排出量は、1キロメートルの走行につき平均1.3キログラムですが、その効率性は乗車人数によって変わってきます。バスでの移動は、ガソリンやディーゼルを燃料に用いた乗用車に1人で乗るよりも、ほぼ確実に効率が良いと言えます。ところが、乗用車に4人で乗車する場合は、乗用車のほうが平均的なバスよりも1人当たりの二酸化炭素排出量が少なくなるのです。公共交通機関のなかで最もグリーンなのは鉄道です。動力はディーゼルか電気で、国によってばらつきはあるものの、電気が増加傾向にあります。ドイツは2025年までに国内鉄道網の70%の電化を目標としており、スイスの電化率はすでに100%に達しましたが、英国では42%にとどまっています。

▼2018年のデータからは、移動手段に起因する世界の二酸化炭素排出量に最も大きく寄与しているのはバスと乗用車であることが分かります。

鉄道：**0.01%**

大型トラック・バン：**30%**

乗用車・バス：**4%**

電車は乗用車に比べ、
**1キロメートル当たりの
二酸化炭素排出量を80%
抑えられます。**

このように、移動距離や移動人数、運ぶ物などによって負荷の少ない移動手段は異なります。長距離移動の場合、最善の移動手段は電車で、その次は長距離バスです。中距離移動の場合、環境に優しい順番は鉄道、定員を乗せた乗用車、長距離バスとなります。逆に最も環境負荷の大きい移動手段は飛行機（206〜207ページを参照）で、次に運転手のみを乗せた乗用車が続きます。

- ●可能であれば、目的地までは徒歩か自転車で移動しましょう。
- ●なるべく**鉄道**を利用しましょう。
- ●自動車を**運転しなければならない場合**は、お友だちや同僚と相乗りできないか考えてみましょう（205ページを参照）。

電動アシスト自転車や
電動キックボードは環境に優しいの？

多くの都市で人気が急増している電動アシスト自転車や
電動キックボードも、やはりカーボンニュートラルではありません。

電動キックボードは、通勤や通学に伴う二酸化炭素排出量の削減に最適な手段に見えます。電動アシスト自転車も同様に大人気となっており、オーストラリアの都市部では、ここ数年ほどで3倍にも増加しました。電動アシスト自転車の走行可能距離は充電1回当たりおよそ80キロメートル。最新の電動キックボードにいたっては、走行可能距離が最大128キロメートルに達するものもあります。

しかし、原材料や製造、輸送を考慮すると、その図式は複雑化します。米国で最近行われた研究によると、ライフサイクル全体を考慮に入れた場合、電動アシスト自転車と電動キックボードは、バスや徒歩、従来型自転車よりも劣るとされます。また、バッテリーも考慮に入れなければなりません。電気自動車（202ページを参照）と同様、モーター駆動用バッテリーは製造時にエネルギーと資源を大量に消費し、そのうえ廃棄も困難です。加えて、充電に用いる電力が、再生可能エネルギーを電力源としているとは限りません。

電動アシスト自転車と電動スクーター、乗用車のいずれかから選ぶのであれば、乗用車以外のオプションを選択しましょう。ただし、徒歩や従来型自転車と比較した場合、これら電動の移動手段はグリーンとは言えません。

都市部の汚染を最小限に抑えられる交通機関とは？

都市部での移動がどれだけグリーンであるかは、
地元当局による排出量削減の取り組みにも左右されます。
しかし、個人の選択も大きな意味を持ちます。

　都市部の空気の質は常に問題となってきました。都市部での二酸化炭素排出は、世界の気候危機問題に拍車をかけるだけでなく、住民にとって有害なレベルの大気汚染を引き起こしかねません。大気汚染による人体への影響の全容はようやく分かってきたところです。呼吸器系への影響については、子どもや高齢者がとりわけ影響を受けやすいなど、十分な裏付けがあります。そのほかにも、大気汚染は認知機能を低下さ

せたり、新型コロナウイルス感染症に対する感染のしやすさにも関与するという研究結果も増えてきています。都市部の大気汚染を大幅に削減することは、私たちの長期的な健康の鍵を握っており、気候変動との闘いにおいても極めて重要なステップなのです。

よりグリーンな都市を目指して

　先進的な都市では、自転車専用通行帯の増設に加え、公共交通機関の電化やカーボ

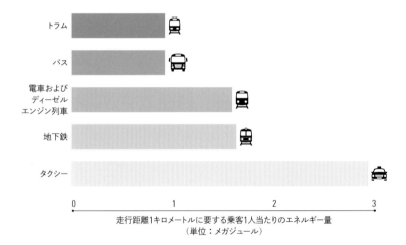

走行距離1キロメートルに要する乗客1人当たりのエネルギー量
（単位：メガジュール）

▲最大収容人数を乗せたときの各種交通機関別エネルギー効率のデータ。効率の良い（再生可能エネルギーも組み合わせた）乗り物ほど排出量は少なくなります。

ンニュートラル化への投資が進行中です。そのほかにも、カーフリーデー［都市部への自動車乗り入れを禁止して自動車の使い方について考える日］の実施や、歩行者エリアの拡大、低排出区域の導入、ゼロエミッションや低排出の交通機関への支援強化といった広範な取り組みが進んでいます。

個人レベルでは、徒歩や自転車に加え、環境上の長所と短所に配慮したうえで公共交通機関を利用するのが、私たちにできる最もグリーンな行動です。

● **徒歩と自転車の場合**、移動中に排気ガスが発生しません。

● **トラム**は、平均的な移動距離や乗車人数といった要素を考慮すると、最もグリーンな公共交通機関のひとつです。電気で走るトラムは排気ガスを排出せず、再生可能エネルギーを利用している場合は特にグリーンです。

● **バス**は、効率的に走行すれば、僅差でトラムの次にランクします。最も環境に優しいのは、多数の乗客を輸送し、アクセスしやすく、需要の高い路線を提供していて、かつサステナブルなエネルギー源の利用に移行済みか、移行しつつあるバスです。英国では、2006年に初めてロンドンのバス車両にハイブリッドエンジンが導入され、続いて電気バスや水素を動力源とする燃料電池バスも登場しました。欧州のほかの多くの国々でも、燃料電池バスに移行中です。

● **地下鉄**は、環境面ではバスの次に優れていますが、空気を汚染して乗客に健康被害を及ぼすおそれがあります。大都市の地下鉄は大量の乗客を迅速に目的地まで輸送できるように設計されており、新型コロナウイルス感染症のパンデミック以前のロンドンでは、1日の地下鉄利用者が300〜400万人にものぼっていました。減速時に発生する電力を再利用したエネルギーなど、よりサステナブルな燃料の選択肢についても検討されています。

● 最近では、ゼロエミッション車や低公害車を採用した**"グリーン"タクシー車両**が走っている都市や町もあります。オンデマンド型のタクシーアプリは、公共交通機関離れを招いたり、徒歩や自転車よりもタクシーの利用を助長したりする傾向があり（米国における2018年の報告書では、調査対象者の60%がこのように回答しています）、環境負荷については論争が続いています。またタクシーアプリにより路上の自動車台数が増えると、都市部の渋滞が悪化し、従来型自動車の排気ガスによる大気汚染を助長します。タクシーアプリを使用するのであれば、相乗り（ライドシェア）のオプションを選択してください［日本にはまだこの選択肢は存在しません］。

● **フェリー**は、都市部の移動に適した手段であるように思えますが、環境面での効率性は、使用する燃料と規制の内容によって変わります。主な燃料として化石燃料を使用するフェリーの排出量は自動車のおよそ100倍にもなります。欧州では、通勤客用の電動フェリーに投資し、距離の長いルートを設けて自動車の代わりに利用しやすくする都市も増えており、フェリーはより環境に優しい手段となりつつあります。

電気自動車はどのぐらいグリーンなの？

グリーンな革命的移動手段として注目される電気自動車も、製造方法や
エネルギー源などにより、どれだけクリーンと言えるかが変わってきます。

英国の新車登録台数の10%を占める電気自動車は、気候危機に対する念願の解決策として期待を集めています。ただし、電気自動車に起因する排出量の推定値にはかなりのばらつきがあり、多数の仮定にも左右されます。電気自動車のライフサイクル全体での排出量は、ガソリン車やディーゼル車のおよそ3分の1であるとの報告もあります。

自動車の種類を問わず、製造には二酸化炭素負荷が発生しますが、電気自動車の場合、主な負荷要因はバッテリーです。電気モーターの原動力となる駆動用バッテリーの製造は非常に排出量の多い工程で、ガソリン車の製造に伴う二酸化炭素排出量が1台当たり平均5.6トンであるのに対し、電気自動車の製造では平均8.8トンにもなります。走行時には、電気自動車が二酸化炭素を（排気ガスというかたちで）直接的に排出することはありません。それでも、ブレーキやタイヤのダストから粒子状の大気汚染物質が発生します。さらに充電に関して言えば、どの程度グリーンであるかはバッテリーの充電に必要な電力次第です。電力源には再生可能エネルギーを用いるのが理想的で、再生可能エネルギーがさらに普及すれば（134〜135ページを参照）、電気自動車はもっとグリーンになるでしょう。

電気自動車はどれも同じではありません。ハイブリッド車とレンジエクステンダー、完全電気自動車の排出量はそれぞれ

欧州の**電気自動車**に伴う二酸化炭素排出量は、**2050年まで**に**73%**の減少が予測されています。

異なります。

- ●**完全電気自動車**は、電源からバッテリーを充電します。そのため再生可能エネルギーを利用すれば、走行に伴う排出量はゼロに抑えられます。

- ●**レンジエクステンダー型電気自動車**は、バッテリーの残量が少なくなった際に小型のバックアップエンジンを用いて給電し、再充電までの航行距離を伸ばします。レンジエクステンダーのバッテリーは若干小型なため、製造による環境負荷も少なめですが、そのほとんどに、現在も化石燃料を用いた内燃機関が搭載されています。

- ●**ハイブリッド車**は、通常の内燃機関と駆動用バッテリーの両方を搭載しており、駆動用バッテリーはブレーキと高速走行時のエンジンから蓄電します。また、プラグを差し込んでバッテリーを充電できるタイプもあります。重量の重さが燃費にも影響し、高速走行時にはバッテリーの減りがかなり早くなります。

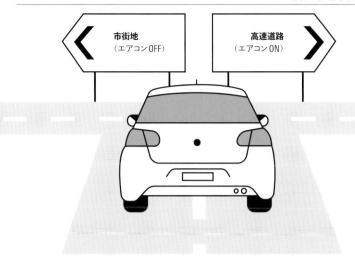

運転時にエアコンを使うのと窓を開けるのでは、どちらのほうが環境に優しい?

エアコンが最もグリーンな手段と言えるかどうかは、使うときの状況次第です。

自動車のエアコンの電源はバッテリーです。ガソリン車やディーゼル車の場合、バッテリーの充電はエンジンに依存するため、エアコンを使用すると燃料消費量が増大します（電気自動車の場合はバッテリー使用量が増加）。一方、高速走行時に窓を開けると空気抵抗が発生して自動車の速度が落ちるため、速度を維持するためにはより多くの燃料が必要です。つまり、いずれにしても燃費が悪くなってしまうわけですが、いったいどちらを選べばよいのでしょうか?

答えは、そのときの走行速度によって異なります。高速で走行するときには、どれだけ空気力学の原理を活用できるかで燃費の良さが決まるため、エアコンを使用したほうがグリーンです。これに対し、市街地

では窓を開けたほうが低燃費で、気温が非常に高いときに短距離の移動にエアコンを使用すると、最大25%も燃費が悪くなります。ここで覚えておきたい点は、次の通りです。

● **走行速度**が時速約88キロメートル**未満**なら、一般的には窓を開けたほうが低燃費です。時速88キロ以上の場合は、エアコンを使用したほうがグリーンだと言えます。

● 自動車に乗る前に**ドアと窓を開けて**、熱気を外に逃しましょう。

● 渋滞中はできるだけエアコンを**オフにして**、エネルギー消費量を削減しましょう。

● 可能なときは**日陰に駐車**しましょう。

自動車買い替えを考えるときの
最もグリーンなチョイスとは？

自動車の所有をやめるのが最も環境に優しいチョイスではあるものの、
運転を続けたいなら電気自動車を買うか、
電気自動車に切り替える計画を立てるといいでしょう。

　電気自動車は製造時に大きな二酸化炭素負荷を発生させます（202ページを参照）。ただし、新車製造時の排出量はガソリン車やディーゼル車を上回るものの、使用時には負荷を抑えられるため、その差は2年以内に相殺できます。

　ハイブリッド車や電気自動車を中古で購入するのもおすすめです。電気自動車についてはバッテリーの寿命も考慮する必要がありますが、ほとんどに5〜8年程度の妥当なメーカー保証が付いてきます。ガソリン車の場合、概して新車は中古車より燃費が良いものの、環境面では化石燃料車への買い替えは最も避けたい選択肢です。ガソリン車は今後10年ほどで禁止となる国が多いので、脱却に向けて今から取り組んでおくべきでしょう。

レンタカーの利用

　自動車の使用そのものを減らしたいのであれば、自動車の所有をやめ、本当に必要なときにだけレンタカーを使うのがいいかもしれません。自動車をもっていなければ、徒歩や自転車での移動や、電車やバスの利用も増えるでしょう。一部の都市では電気自動車の短期レンタル制度も利用できます。

運転する人に加え2人が
同乗すると、二酸化炭素排出を
年間約3,600キログラム削減できます。

運転する人に加え
1人が同乗すると、
二酸化炭素排出を年間
約1,800キログラム
削減できます。

運転する人に加え
3人が同乗すると、
二酸化炭素排出を
年間約5,400キログラム
削減できます。

▲同乗者の人数を1人増やすたびに、削減できる二酸化炭素排出量も増加します。

カーシェア

相乗り（carpooling）は決して新しいものではありません。しかし、専用レーンを設けて相乗りを奨励している国がある一方で、普及していない国もあります。それでも相乗りは渋滞を緩和し、自動車依存の習慣を変化させる素晴らしいアイデアです。同じ自動車で誰かと一緒に移動すれば、温室効果ガス排出量を大幅に削減できます。

最近では、ほかの人と相乗りして費用を分担できるリアルタイムのライドシェアアプリもあります。このようなアプリの利用に抵抗がない人にとっては、便利で排出量の少ない移動方法となるでしょう。

よりグリーンな世界を目指すうえで重要なのは、自動車の使用を最小限にすることです。

- ●本当に現在の頻度で自動車を使う必要があるのか、あるいは自動車を所有しなくてもやっていけるかどうかを**検討しましょう**。
- ●長距離移動のために自動車を**レンタルする場合**、ハイブリッド車か電気自動車があればそれを選択しましょう。ない場合は、燃費の悪いSUV（スポーツ用多目的車）ではなく、低燃費モデルを選んでください。
- ●現在所有している自動車が使えなくなり、新車に**買い替える場合**（さらに予算に余裕がある場合）は、電気自動車の新車購入が最も環境に優しい選択肢です。

渋滞中のアイドリングとエンジン一時停止は、どちらのほうがグリーンなの？

ほんの短い間ならガソリン車やディーゼル車のエンジンをアイドリングさせても害はないように思えますが、その習慣はグリーンではありません。

大気汚染は、最も大きな環境問題のひとつであり、都市部の発展に伴って今後さらに悪化していく見込みですが、停車中にエンジンをかけっ放しにしておくと、大気汚染を助長し、人々の健康に影響を及ぼすおそれがあります。また、自動車の排気ガスは有毒なだけでなく、成分の大半を温室効果ガスが占めます。

停車中に10秒以上アイドリングが続くと、エンジンを一時停止（アイドリングストップ）する場合に比べてエネルギー消費量も温室効果ガス排出量も多くなり、それが蓄積していけば確実に悪影響をもたらします。一方、アイドリングの代わりにエンジンを一時停止すると10分当たり500グラムの二酸化炭素を削減できます。幸い、これはすぐにでも変えられる習慣です。

- ●停車の際には**エンジンを停止しましょう**。新しいモデルの自動車の多くはアイドリングストップ機能を搭載しています。
- ●電気自動車に**買い替えて**、路上での汚染問題そのものをなくしてしまいましょう（202ページを参照）。

飛行機の利用はもう諦めるべき？

飛行機の利用を完全にやめるのが最もグリーンな解決策ですが、
それが無理なら、利用の影響を軽減するための工夫をしましょう。

2019年の航空業界による温室効果ガス排出量は、世界の総排出量の2%。この割合は、自動車産業全体などと比べれば少ないものの、グローバル化が進んで飛行機での移動がますます一般化するに伴い、増加傾向にあります。ニューヨークからロンドンまでのフライトによる1人当たりの二酸化炭素排出量は、発展途上国の平均的な人の1年間分の排出量を上回ります。なかには化石燃料の代替や、短距離飛行用の電気飛行機の開発に力を入れている航空会社もありますが、航空業界がカーボンニュートラルを達成するにはまだまだ時間がかかるでしょう。

飛行1時間当たりの排出量は二酸化炭素換算で平均250キログラムにのぼります。

トレンドの広がり

個人レベルで排出量を削減するなら、飛行機の利用をやめてスロートラベル［地域の人々や文化とふれあい、その価値を再確認する旅］や国内旅行に切り替えるのがいちばんです。ほかのほとんどの環境対策を上回る効果が期待できます。飛行機を年に何度も利用するのが一般的な国々では、飛行機利用からの脱却が加速しつつあります。スウェーデンでは、「フリュグスカム（flygskam）」や「フライトシェイム（飛び恥）」と呼ばれる運動の影響で23%の人が年間フライト数を減らしました。スウェーデン人の気候変動問題活動家グレタ・トゥーンベリが飛行機の利用反対を主張し、若い世代にスロートラベルの楽しみを再発見するきっかけを与えたのもその一因となっているでしょう。それでも、仕事や海外に住む家族の訪問など、飛行機での高速移動が避けられない人も多くいます。

2020年上旬のロックダウン中にはフライト数が90%減少しました。これは、そのわずか数カ月前まで、環境問題活動家たちが不可能だと考えていた数字です。その結果、都市部での大気汚染は軽減し、鳥類が繁殖しました。また、多くの人々が、公衆衛生上のリスクや潜在的な混乱を考慮して、特に出張のために飛行機を利用する必要性を見直しました。多くの空港が拡張計画を中止しており、地域社会の環境にとっても、世界全体の二酸化炭素排出問題にとっても大勝利につながっています。とはいえ、このような行動変化は今後も継続していくのでしょうか？

飛行機を今後利用しないと決意した人や、利用を減らしたいと考えている人には、次の点をおすすめします。

● **あなたの決意**をソーシャルメディアで**発信**して、ほかの人たちに働きかけましょう。
● **休暇旅行先には**、遠方ではなく自宅から近い目的地を選び、電車やフェリー、自転車、長距離バス、自動車を使った旅を入念に計画しましょう。

2019年のフライト数はおよそ
3,900万回

排出量の**25%**は**離発着**に起因

2014年、英国では人口の
15%が国内線の**70%**を利用

●休暇の回数を少なく、1回の期間を長くすることで、より長い旅行プランを計画できます。数回のミニ休暇を1〜2週間の休暇1回にまとめ、電車で旅をするのです。

飛行機を利用しなければならない場合は、影響を最小限に抑えるために次の点を心がけましょう。

●**カーボンオフセットに取り組みましょう**。利用する航空会社が予約手続きの一環としてカーボンオフセットを提供している場合もありますが、近年は個人レベルでもオフセットを簡単に行えます。カーボンオフセットの方法として最も人気があるのは植樹です。消費者が手軽に使える植樹サービスアプリも増えており、植えた木の近況をリアルタイムで報告してもらえます。ただし、この分野に関しては賛否両論もありますので、サービスは慎重に選んでください（208〜209ページを参照）。

●**環境に優しい航空会社を選びましょう**。すべての飛行機の排出量が同じなわけではありません。乗客定員や航空機の種類などの因子によって、フライトの環境負荷は異なります。航空会社や飛行機の種類を比較できるオンライン計算機もあるので、選択に役立てるといいでしょう。より環境に配慮した航空会社に対する需要が増えれば、航空業界での対応の広がりも早まるはずです。

●**直行便を利用しましょう**。フライト中に排出量の割合が多いのは離陸時なので、長距離移動の際には、中継点の少ないフライトを選びましょう。

●**旅行時の荷物を少なくしましょう**。飛行機の重量が大きいほど排出量も増大します。特に短距離移動のときには荷物を少なくしてください。衣類は最小限にし、洗面用品も少なめにして、できれば紙の本ではなく電子書籍を持っていきましょう。

●**エコノミークラスを利用しましょう**。より多くの人を乗せ、より効率的にスペースを利用すれば、必要な飛行機の数を削減できます。

カーボンオフセットは本当にできるの？

カーボンオフセットは複雑そうに感じるかもしれませんが、
利用しやすくなってきています。本当に価値ある相殺をするには、
正しい意識をもって取り組むことが大切です。

　カーボンオフセットは、二酸化炭素排出量を打ち消すための行動に出資し、排出量の相殺を目指す仕組みです。アイデアは魅力的ですが、現実面では問題も明るみになっています。汚染を引き起こしている企業が、自社の排出量以上のカーボンオフセットを行っていると謳い、カーボンニュートラルを隠れ蓑に利用して、節度のない成長を続けようとしている場合も珍しくない

のです。カーボンオフセットは、従来通りの企業活動を続けるための免罪符としてではなく、カーボンフットプリントの削減を行いながら、追加的手段として用いるべきものです。排出や汚染そのものを抑えるのが最善のシナリオですが、現実的にはオフセットで対処しなければならず、取り組む人々も増やしていく必要があります。

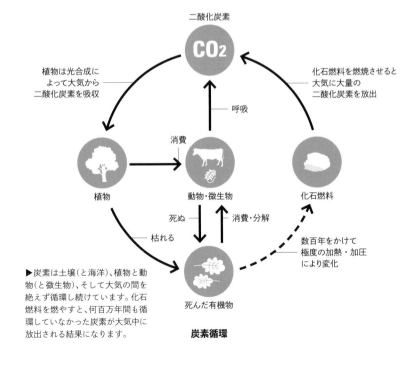

二酸化炭素

CO₂

植物は光合成によって大気から二酸化炭素を吸収

化石燃料を燃焼させると大気に大量の二酸化炭素を放出

呼吸

消費

植物

動物・微生物

化石燃料

死ぬ　　消費・分解

枯れる

数百年をかけて極度の加熱・加圧により変化

▶炭素は土壌（と海洋）、植物と動物（と微生物）、そして大気の間を絶えず循環し続けています。化石燃料を燃やすと、何百万年間も循環していなかった炭素が大気中に放出される結果になります。

死んだ有機物

炭素循環

カーボンオフセットに取り組んでいる人はまだ多くはないものの、その数は増加傾向にあります。2019年の航空旅客のうち、利用フライトのカーボンオフセットを行ったのはわずか1%にすぎませんが、カーボンオフセットが利用しやすくなってきたのを受け、相殺された二酸化炭素量は2008年に比べ140倍に増えました。

カーボンオフセットの仕組みとは？

カーボンオフセットは、休暇旅行に伴って排出された二酸化炭素の影響を直接打ち消す代わりに、世界の総排出量削減に貢献するという仕組みです。

排出量を相殺するための最善の方法は何か、どのようなプログラムに投資すべきか、どれだけ相殺する必要があるかという議論も起きています。方法としては、植樹費用の寄付、風力や太陽光などの再生可能エネルギーへの投資に加え、森林伐採削減プロジェクトや、燃料効率の高い調理用コンロの太陽熱調理器、清潔な飲料水などを提供するプロジェクトへの出資などがあります。また、樹木は何十年も炭素吸収源として二酸化炭素を吸収するので、気候変動に対する最善の防御策のひとつです。

ぜひ、カーボンオフセットに取り組んでみてください。

● **カーボンオフセットのアプリ**や計算機を**利用しましょう。**飛行機の利用のみならず、生活のあらゆる場面に関するカーボンオフセットの方法を簡単に調べることができます。

● **カーボンオフセット**には、独立認証評価の検証を経た組織や、前年度の成果の試算を公開している組織を**選びましょう。**

● カーボンオフセットに利用したい**企業**が見つかったら、プロジェクトの内容や、どこで実施され、何を目標としているかなどについて透明性があるかを確認しましょう。また、定期的な進捗状況の報告をウェブサイト上や直接的に行っているかも重要です。プロジェクト実施地域の住民を雇用し、支援している企業を探してください。植樹に出資するのであれば、炭素吸収源として最も効率の高い種を植え、先住民を強制移住させる必要のない場所で植樹しているプロジェクトを探しましょう。

ある認定機関の報告によると、**2018年から2019年にかけて、カーボンオフセットを購入した個人の数が 300%** 増加しました。

● 手早く簡単な方法を**お探しなら、**"カーボンオフセット証書"を購入しましょう。これは風力発電や太陽光発電に出資するための金融証券です。

「**気候崩壊と闘うには、**
旅行に対する私たちの
姿勢を変えるのが不可欠です」

いちばんグリーンな休暇旅行先とは？

どのぐらい遠くへ、いつ、どこに行くかといった要素によって、
環境に優しい旅行になるか否かの差が生まれます。

　2019年の海外旅行者数は14億人に達しました。世界の一部の地域には、とりわけ多くの観光客が訪れます。「オーバーツーリズム」は、そのように人気の旅行先にあまりにも多くの観光客が押し寄せ、環境や地域住民に負の影響をもたらすことを意味する言葉です。イタリアのベネチアや、ペルーのマチュピチュなどがその例です。オーバーツーリズムは水供給に負担をかけるほか、住宅不足やインフラへの負担、路上ごみや汚染の悪化などを引き起こします。
「アンダーツーリズム」はその逆で、地域が観光客に十分に対処できる状況です。次に旅行をするときには、人気の旅行先への負担を軽減できるようによく考えて計画してください。

- 必須の観光名所やソーシャルメディアで注目の場所ではなく、**あまり知られていない地域を訪れましょう**。または**自国内を探索しましょう**。
- 学校が休みの時期は避け、**オフシーズンに旅行しましょう**。冬場の旅行も検討してください。
- 地元住民やその生活様式に**配慮しましょう**。

▲地元住民に対するピーク時の観光客数の割合をもとに観光客の多さを計測すると、これらの国が両極にランクします。

"エコツーリズム"が
注目されている理由とは？

移動に伴うカーボンフットプリントを削減するために
旅行を完全にやめてしまう必要はありません。
もっと地球に優しい旅にすれば、変化をもたらせます。

　観光業は巨大な産業です。2019年における世界の全雇用の10分の1を担い、人間活動によって発生する温室効果ガスの8%を引き起こしています。

　それでも、もっとサステナブルな旅行になるよう工夫もできます。責任ある観光客ならば、一生の思い出となる旅行や冒険によって不必要に環境を損なわないようにしたいはずです。「エコツーリズム」は、そこからさらに踏み込んで、単に旅行が及ぼす影響を抑えるだけでなく、訪れる地域にプラスとなる貢献をするという概念です。つまり、人と地球を支えるために観光を活用するのです。

　それでは、次回の休暇旅行をできるだけグリーンに楽しむためにできる工夫の数々をご紹介します。

● 休暇旅行を、自然とふれあうチャンスとして活用し、キャンプやグランピング、サイクリング、ウォーキングなどをして楽しみましょう。

● 移動を冒険の一部に取り入れて、電車や自転車で移動しながらスロートラベルを満喫しましょう。

● 森林や海岸といった自然環境を守るための「ごみは持ち帰りましょう」という表示に従い、ごみを適切に廃棄しましょう。家に持ち帰って、訪れた地域に何も残さないようにするのが理想的です。

● 地元組織への金銭的支援につながるアクティビティを探しましょう。地元の保護

> ある報告書では、**旅行客の87%がサステナブルな旅行**を望んでいるという結果が出ています。

プロジェクトに資金をもたらす自転車ツアーなどもあります。

● 宿泊施設が脱プラスチックの方針（次の項を参照）を導入しているかや、地元の取り組みへの還元、地元経済の支援などを行っているかを調べて、大手チェーンではなく、地元のエコホテルを利用しましょう。

● 休暇を活用し、パーマカルチャー講座などに参加して、実用的でグリーンなスキルを習得しましょう。

● ボランティアには注意が必要です。善意だと思っていても、ボランティアプログラムの多くは認定されていません。また、例えばいきなり学校の建設を1週間だけ手伝っても、限られた資源の有効活用とは言えず、地元の人々の雇用を奪ってしまうことになりかねません。

旅行中のプラスチック使用量を減らすには？

普段の生活とは違う場所にいるときや旅行中にプラスチックを避けるのは簡単ではありません。プラスチックを使わない休暇を楽しむには、前もって計画を立てることが必要です。

プラスチックを使用しないという私たちの決心は、自宅から離れるとどこかに消えてしまい、使い捨てプラスチックの消費量を増やしてしまう場合もあります。幸い、旅行中でも簡単な工夫でプラスチックの大量消費を避けることができます。

● 再使用可能な買い物袋や水筒、マイカップを荷物に入れて、旅行中に持ち歩けるようにしましょう。水はペットボトル入りではなく、水道水（安全に飲める国の場合）やろ過された水を頼むようにしてください。安全な飲み水が手に入らない国であれば、ステリペン［SteriPEN：紫外線を用いた携帯型浄水器］やタブレット型の水用消毒剤を購入するのもいいでしょう。

● ピクニックや移動中の食事に備え、繰り返し使えるカトラリーを荷物に入れておきましょう。サステナブルに調達された竹製のものがおすすめです。

● ホテルに置かれている小分けのアメニティグッズは使わないようにし、プラスチック不使用の洗面用具を持参しましょう。タブ型容器入りの歯磨き粉や竹製の綿棒、蜜蝋のラップや缶に入れられる固形のシャンプーや石鹸などを選んでください。

● 下調べをしましょう。信頼できる運営会社による脱プラスチックを掲げたサファリツアーやアドベンチャーツアーも増えているのでチェックしてみてください。

また多くの個人経営のホテルが、大手グローバルチェーンよりもはるかに進んだ取り組みをしています。

● 前もって計画を立てましょう。旅先でプラスチック包装されたお弁当やお惣菜を買うよりも、家から食べ物を準備して持っていきましょう。

☑ 固形・プラスチック不使用の洗面道具

☑ 再使用できるカトラリー

☑ 繰り返し使える水筒

☑ 再使用できる買い物袋

▲グリーンな生活の必需品をすべて荷物に入れておけば、順調に脱プラスチックの旅行ができます。

用語集

遺伝子組み換え（GM） 農作物に除草剤への耐性をもたせるなど、生物の遺伝子を操作して望ましい性質を付与すること。

オーガニック 農作物や家畜などを、化学肥料や農薬、遺伝子組み換え操作を使用せずに栽培・飼育すること。

オゾン（03） 地球の大気上層部（成層圏）で層を形成し、太陽の有害な紫外線から地球を保護する気体。下層大気（対流圏）では温室効果ガスや汚染物質としても作用するが、人間活動によりこの層におけるオゾン濃度が増加している。

温室効果ガス 大気中に存在すると、太陽からの熱を蓄積して地球を暖める働き（「温室効果」として知られるプロセス）をする気体。温室効果ガスには、水蒸気、二酸化炭素、メタン、一酸化二窒素、フロンガス、オゾンの6種類がある。それぞれ存在量、持続性、温暖化効果が異なる。

カーボンオフセット すでに行った活動によって放出された炭素量と同量の炭素を大気中から減らすための行動に取り組んだり、そのような活動に投資したりするプロセス。

カーボンフットプリント 活動、製品、個人、組織またはサービスによって、直接・間接的に発生する温室効果ガスの排出量。

海洋酸性化 海水が大気中から二酸化炭素を吸収すると、海水のpHが低下する化学的プロセスで、海中に生息する生物に影響を及ぼす。

化石燃料 数億年前の朽ちた有機物からできた、原油や石炭、天然ガスなどの天然物。現在は人間がエネルギー源として使用している。

気候変動 人間活動（特に化石燃料の燃焼）によって生じた平均気温の上昇に起因する、地球上の気候の長期的な変化。

揮発性有機化合物（VOC） 常温で容易に揮発する特定の化合物群。その多くが健康に悪影響を及ぼすが、塗料、接着剤、掃除用クリーナー、建材などの一般的な製品から排出される。

グリーンウォッシュ 企業が、環境に良い活動をしているようにみせかけて、それ以上に環境に悪い活動を隠していること。

再生可能エネルギー 無限に供給可能あるいは補充可能な資源を用いたエネルギー。

砂漠化 乾燥地域の土地が不可逆的に劣化し、植物の生育を支えられない状態にいたるプロセス。

森林伐採 一般的に商業的農業を目的として、大量の木を伐採して整地すること。

生態系 養分の循環とエネルギーの流れによって相互に関連し合う生物とその物理的環境の共同体。

生物多様性 ある地域における生物の多様さと、その生物間の複雑な相互的関係性。

生分解（性） バクテリアなどの微生物によって、自然界に存在する物質にまで完全に分解される性質のこと。

ダイオキシン類 毒性を有する特定の化合物群の総称。環境中に残留し、食物連鎖内に蓄積する性質をもつ。

堆肥化可能 特定の（堆肥）条件下において比較的短期間で、バクテリアなどの微生物によって、自然界に存在する物質に分解可能な性質のこと。

炭素吸収源 自らが大気中に排出する量を上回る炭素を吸収する働きをするもの。自然界の主な炭素吸収源は植物、海、土壌。

炭素循環 炭素が、大気と海洋、生物の間を移動するプロセス。208ページを参照。

二酸化炭素（CO2） 炭素循環の主な構成要素。また、森林伐採や化石燃料の燃焼などの人間活動によって大気中に放出される主要な温室効果ガス。

二酸化炭素換算値（CO2-eq） あらゆる温室効果ガスの排出量を二酸化炭素の等量に換算して算定した値。

バイオマス 特定の空間に存在する生物の総量。また、植物、食品廃棄物、動物の糞尿などの有機物を原料とする燃料のこと。

ハイドロフルオロカーボン類（HFCs） 一般的に冷却に使用される、合成化合物群の総称。極めて強力で分解されにくい温室効果ガスでもある。

富栄養化　通常は農業からの流出による養分などによって、水域に含まれる栄養分が過剰に増えること。藻類の過剰繁殖や水質悪化などの影響を及ぼす。

フラッキング（水圧破砕法）　地下の岩層に高圧の液体を注入して石油やガスを採掘する方法で、問題を指摘する声もある。

マイクロプラスチック　長さ5ミリメートル未満の小さなプラスチック片。大きなプラスチックが破砕したもので、水中や土壌内、動物の体内に蓄積する。

メタン（CH4）　天然の湿地や永久凍土の融解、化石燃料の燃焼、家畜の放牧、埋め立て処分場での腐敗、稲作などによって放出される温室効果ガスのひとつ。二酸化炭素の25倍の温室効果がある。

モノカルチャー　特定の地域で、単一品種の作物や家畜を栽培・飼育する農業形態のこと。農作物や林産物などに特に多く見られる。

パラベン類　化粧品やボディケア製品の防腐剤として使用されることが多い合成化合物群の総称。ホルモン機能の乱れなどの健康問題を引き起こすおそれが指摘されている。

リサイクル可能　分解・処理して、新製品に使う原料として再生利用できるもののこと。

参考文献

10 11 years left: © UN: www.un.org/press/en/2019/ga12131.doc.htm. Ice melt data: NASA sealevel.nasa.gov. Increase in global carbon emissions: Ritchie, H. and Roser, M., Our World in Data, ourworldindata.org/co2-emissions. **13** Air pollution risk: © 2019 Health Effects Institute www.stateofglobalair.org/sites/default/files/soga_2019_report.pdf. Truckload of plastic: Fela, J. © Greenpeace International 2020 www.greenpeace.org. **14** 93% of energy imbalance: How fast are the oceans warming? Cheng, L. et al., Science 11 Jan 2019: Vol. 363, Issue 6423: 128–129, doi:10.1126/science.aav7619 © 2019, American Association for the Advancement of Science. Species under threat of extinction: © UN www.un.org/sustainabledevelopment/blog/2019/05/nature-decline-unprecedented-report/. 90% of plastic not recycled: Beeson, L. © University of Georgia, Athens news.uga.edu/royal-statistic-of-2018-90-5-of-plastic-not-recycled/. **21** 9 million refrigerators: United States Environmental Protection Agency, 19january2017snapshot.epa.gov/rad/disposing-appliances-responsibly_.html.
23 Dishwasher stats: Home Water works: © 2011, 2019 Alliance for Water Efficiency, NFP. www.home-water-works.org/indoor-use/dishwasher. **24** Paper and paperboard data: EPA, United States Environmental Protection Agency: www.epa.gov/facts-and-figures-about-materials-waste-and-recycling/paper-and-paperboard-material-specific-data. Glass bottles and jars recycling data: United States Environmental Protection Agency: www.epa.gov/facts-and-figures-about-materials-waste-and-recycling/glass-material-specific-data. Plastic bottles recycling data: APR: © 2020 The Association of Plastic Recyclers: plasticsrecycling.org/news-and-media/866-december-17-2018-apr-press-release. Aluminium cans recycling data: © 2020 The Aluminum Association www.aluminum.org/aluminum-can-advantage. US 2kg a day: United States Environmental Protection Agency: www.epa.gov/facts-and-figures-about-materials-waste-and-recycling/national-overview-facts-and-figures-materials. **25** Plastic recycled: National Geographic Partners, LLC www.nationalgeographic.com/news/2017/07/plastic-produced-recycling-waste-ocean-trash-debris-environment/. **26** Food waste graphic data: Department of Communications, Climate Action and Environment: www.dccae.gov.ie/en-ie/environment/topics/sustainable-development/waste-prevention-programme/Pages/Stop-Food-Waste0531-7331.aspx. **27** 4.5 million tonnes of food wasted: © WRAP 2020: wrap.org.uk/sites/files/wrap/Food_%20surplus_and_waste_in_the_UK_key_facts_Jan_2020.pdf. **29** Cotton decomposition Down2Earth Materials: www.down2earthmaterials.ie/2013/02/14/decompose/. **31** 13 billion pounds of paper towels: © 2017 The Energy Co-op web.archive.org/web/20170430185100/www.theenergy.coop/community/blog/banish-paper-towel. **34** 37% of total GHG emissions: IPCC, 2019: Summary for Policymakers, In: Climate Change and Land: an IPCC special report on climate change, desertification, land degradation, sustainable land management, food security, and greenhouse gas fluxes in terrestrial ecosystems [P.R. Shukla, J. Skea, et al. (eds.)], www.ipcc.ch/srccl/chapter/chapter-5/. Graph data: ERS/USDA http://shrinkthatfootprint.com/food-carbon-footprint-diet. **35** 13 billion eggs: www.egginfo.co.uk/egg-facts-and-figures/industry-information/data. **36** Carbon footprints of livestock: Ritchie, H., Our World in Data: ourworldindata.org/less-meat-or-sustainable-meat. **38** 1 in 5 Millennials changed diet: © 2018 YouGov PLC: today.yougov.com/topics/food/articles-reports/2020/01/23/millennials-diet-climate-change-environment-poll. **41** Use of soymeal cut by 75%: Food choices, health and environment, Westhoek, H. et al., Global Environmental Change © 2014 The Authors. Published by Elsevier Ltd. doi:10.1016/j.gloenvcha.2014.02.004. **44** 85% of palm oil and 50% of products: WWF UK www.wwf.org.uk/updates/8-things-know-about-palm-oil?gclsrc=aw. **47** Energy efficiency: NCBI, Muller, A. et al. Strategies for feeding the world more sustainably with organic agriculture. Nat Commun, 2017;8(1):1290, doi:10.1038/s41467-017-01410-w. EU target: © European Union, 2020 ec.europa.eu/food/sites/food/files/safety/docs/f2f_action-plan_2020_strategy-info_en.pdf. Graphic inspiration: Reganold, J. and Wachter, J. Organic agriculture in the 21st century, fig.4. Nature Plants. 2, 15221 (2016). doi:10.1038/nplants.2015.221. **48** Tomatoes data: Theurl, M.C. et al. Contrasted GHG emissions from local versus long-range tomato production. Agron. Sustain. Dev. 34, 593–602 (2014) doi:10.1007/s13593-013-0171-8. **54** 75% of food from 12 plants and 5 animal species: © FAO: www.fao.org/3/x0171e/x0171e03.htm. **56** Ultra-processed food: NCBI, Rauber, F. et al., Ultra-Processed Food Consumption and Chronic Non-Communicable Diseases-Related Dietary Nutrient Profile in the UK (2008–2014). Nutrients. 2018;10(5):587. doi:10.3390/nu10050587. 58% of food

waste: ©2016 ReFED www.refed.com/downloads/ReFED_Report_2016.pdf. **57** Greenest form of sugar: Hashem, K. et al. (2015) Does sugar pass the environmental and social test? www.researchgate.net. Land occupied by corn in the US: NASS, U.S. Department of Agriculture downloads. usda.library.cornell.edu/usda-esmis/files/j098zb09zvx022244t/8910kf38j/acrg0620.pdf. **59** 40% of US households: Bedford, E. © Statista 2020 www.statista.com/statistics/316217/us-ownership-of-single-cup-brewing-systems/. **60** 2.8 billion coffee cups: Deutsche Umwelthilfe www.duh. de/uploads/tx_duhdownloads/DUH_Coffee-to-go_Hintergrund_01.pdf. Graph data: © CIRAIG ciraig.org/wp-content/uploads/2020/05/ CIRAIG_RapportACVtassesetgobelets_public.pdf. **61** Access to clean water: UN, WHO/UNICEF Joint Monitoring Program (JMP) for Water Supply, Sanitation and Hygiene: www.unwater.org/publications/whounicef-joint-monitoring-program-for-water-supply-sanitation-and-hygiene-jmp-progress-on-household-drinking-water-sanitation-and-hygiene-2000-2017/. 34 billion plastic bottles: Oceana, Inc. oceana.org/press-center/ press-releases/oceana-report-soft-drink-industry-can-stop-billions-plastic-bottles. 170l of water: Soda Politics: Taking on Big Soda (And Winning), Nestle, M. **62** France's vineyards: HAL, Aubertot, J-N. et al. Pesticides, agriculture et environnement. Réduire l'utilisation des pesticides et en limiter les impacts environnementaux. 2005. ffhal-02832492f, hal.inrae.fr/hal-02832492/document. **64** 1,000,000 disposable barbecues: Hall, M.,BusinessWaste.co.uk, www.businesswaste.co.uk/disposable-bbqs-should-be-banned-to-prevent-further-devastating-wildfires/. **66** Food waste by restaurants in UK: WRAP, wrap.org.uk/sites/files/wrap/Restaurants.pdf. **68** 75 burgers a second: Guenette R., The Motley Fool © 2020 USA Today, a division of Gannett Satellite Information Network, LLC.www.usatoday.com/story/money/markets/2013/11/19/five-things-about-mcdonalds/3643557/. **72** Water capacity of bath/shower: USGS water.usgs.gov/edu/activity-percapita.php. Length of shower: Hubbub-Trewin Restorick. www.hubbub.org.uk/blog/how-long-do-you-spend-in-the-shower-hubbub-launches-tapchat. **74** Liquid soap vs solid: Comparing the Environmental Footprints of Home-Care Personal-Hygiene Products, Koehler, A. et al., Environ. Sci. Technol. 2009, 43 (22) 8643-8651, doi:10.1021/es901236f © 2009 American Chemical Society. **76** Toilet rolls per capita: Armstrong, M., Statista Consumer Market Outlook www. statista.com/chart/15676/cmo-toilet-paper-consumption/. Bidets in Venezuela: Thomas, J., Treehugger www.treehugger.com/bidets-eliminate-toilet-paper-increase-your-hygiene-4855234. **77** Water use of flushing: © 2019 Waterwise Ltd: waterwise.org.uk/save-water/. **79** Period pants: © 2020 City to Sea www.citytosea.org.uk/campaign/plastic-free-periods/faqs/.

82 Palm oil in 70% of cosmetics: Rai, V., Mint: © HT Digital Streams Limited www.livemint.com/mint-lounge/features/unseen-2019-the-ugly-side-of-beauty-waste-11577446070730.html. **85** 45 million Americans: Centers for Disease Control and Prevention, CDC www.cdc.gov/ contactlenses/fast-facts.html. Data for graph: ASU BioDesign Institute, Arizona State University: biodesign.asu.edu/news/first-nationwide-study-shows-environmental-costs-contact-lenses. 39% of contact lenses wearers: Johnson & Johnson Vision Care,Inc.: www.jjvision.com/ press-release/johnson-johnson-vision-launches-uks-first-free-nationwide-recycling-programme-all. **87** 1.8 billion cotton buds: © FIDRA www. cottonbudproject.org.uk/plastic-
cotton-bud-sticks-in-marine-litter.html. **91** 60 billion sq m of textiles: Chung, S-W. © Greenpeace International 2020: www.greenpeace.org/ international/story/7539/fast-fashion-is-drowning-the-world-we-need-a-fashion-revolution/. 90% decrease in Aral sea: The Aral Sea Disaster, Micklin, P., Annual Review of Earth and Planetary Sciences Vol. 35:47-72 (Vol dated 30 May 2007) doi:10.1146/annurev.earth.35.031306.140120. **93** 9 months stat: © WRAP 2020 www.wrap.org.uk/content/extending-life-clothes. **96** Fibre release data: Animashaun, C., Vox © 2020 Vox Media, LLC www.vox.com/the-goods/2018
/9/19/17800654/clothes-plastic-pollution-polyester-washing-machine. **98** Laundry stat: Energy Star www.energystar.gov/index. cfm?c=clotheswash.clothes_washers_save_money. Eco-egg data: © ecoegg www.ecoegg.com/product/laundry-egg/. **104** People who need glasses: VisionWatch Eyewear US Study www.thevisioncouncil.org. **105** 50% of gold: Garside, M.,
© Statista 2020 www.statista.com/statistics/299609/gold-demand-by-industry-sector-share/. Jewellery production by 95%: Pandora Ethics Report pandoragroup.com/-/media/files/pdf/sustainability-reports/pandora_ethics_report_2016.pdf.
110 Pyramid stat: © Sustainable Table sustainabletable.org.au/all-things-ethical-eating/ethical-shopping-pyramid/.
111 800,000 tonnes of plastic packaging: Eunomia Research & Consulting Ltd 2014 www.eunomia.co.uk/informing-the-plastics-debate/. **112** Bag reuse: © Environment Agency: assets.publishing.service.gov.uk/government/uploads/system/uploads/attachment_data/file/291023/ scho0711buan-e-e.pdf. Plastic bags used: © 2013-2020 studylib.net studylib.net/doc/18206586/plastic-bags---worldwatch-institute. Recycling rate: © 2020 TheWorldCounts www.theworldcounts.com/challenges/planet-earth/waste/plastic-bags-used-per-year/story. **113** 40% of shoppers: Clemson University TigerPrints Kimmel, Sc.D. and Robert, M., "Life Cycle Assessment of Grocery Bags in Common Use in the United States" (2014), Environmental Studies. 6, tigerprints.clemson.edu/cudp_environment/6- tigerprints.clemson.edu/cgi/viewcontent. cgi?article=1006&context=cudp_environment. **116** Online shopping graph data: Lipsman, A., eMarkter: © 2020 eMarketer inc. www.emarketer. com/content/global-ecommerce-2019. **118** 40% food wasted: Food and Agriculture Organization of the UN www.fao.org/3/a-bt300e.pdf. **126** 10 million unwanted gifts: ING © Copyright 2018 ING newsroom.ing.com.au/australians-dreaming-of-a-green-christmas/. **127** 227,000 miles wrapping paper: Browning, N., © 2020 Reuters: uk.reuters.com. **128** Commercial shipping emissions: © Copyright 2020 International Maritime Organization (IMO) www.imo.org/en/OurWork/Environment/PollutionPrevention/AirPollution/Pages/Greenhouse-Gas-Studies-2014.aspx. **129** Average CO2 emissions: © 2020 Carbon Trust: www.carbontrust.com/news-and-events/news/carbon-trust-christmas-tree-disposal-advice. 7 million trees discarded: The Conversation © 2010–2020, The Conversation Media Group Ltd: theconversation.com/new-recycling-process-could-help-your-christmas-tree-lead-a-surprising-second-life-107984. **131** Balloon bits deadly to birds: Roman, L. et al. A quantitative analysis linking seabird mortality and marine debris ingestion, Sci Rep 9, 3202 (2019) doi:10.1038/s41598-018-36585-9. Rubber balloons stats: EPBC © Copyright 2020 European Balloon and Party Council- ebpcouncil.eu/about/balloon-industry. **134** Renewable energy data: Evans, S., Carbon Brief Ltd © 2015 www.carbonbrief.org. **135** Graph data: BP PLC www.bp.com/en/global/corporate/energy-economics/statistical-review-of-world-energy/ renewable-energy.html. **136** Energy consumption at home: © Crown copyright 2012 Department of Energy & Climate Change: assets.publishing. service.gov.uk/government/uploads/system/uploads/attachment_data/file/128720/6923-how-much-energy-could-be-saved-by-making-small-cha.pdf. **142** UK expenditure on household appliances: Sabanoglu, T., © Statista 2020 www.statista.com/statistics/301025/annual-expenditure-on-household-appliances-in-the-united-kingdom-uk/. 50 million tonnes of e-waste: UN environment programme © UNEP-www.unenvironment. org/news-and-stories/press-
release/un-report-time-seize-opportunity-tackle-challenge-e-waste. **143** Metals in smartphones: © Compound Interest 2014 i1.wp.com/www. compoundchem.com/wp-content/uploads/2014/02/The-Chemical-Elements-of-a-Smartphone-v2.ng?ssl=1. **147** Garden area: The domestic garden: its contribution to urban green infrastructure, Cameron, R. et al. doi:10.1016/j.ufug.2012.01.002. **148** 10% wild bee species: © Friends of the Earth Limited friendsoftheearth.uk/bees/what-are-causes-bee-decline. Over 40% of insect species dying out: © 2019 Elsevier Ltd.

Sánchez-Bayo, F. and Wyckhuys, K.A.G. doi:10.1016/j.biocon.2019.01.020. Germany lost 76% of flying insect population: © 2017 Hallmann et al. (2017) More than 75% decline over 27 years in total flying insect biomass in protected areas, PLoS ONE 12(10): e0185809, doi:10.1371/journal. pone.0185809. **151** Carbon sequestration: © United States Forest Service 2008 www.nrs.fs.fed.us/pubs/jrnl/2009/nrs_2009_pouyat_001.pdf. **154** Properties in England at risk of flooding: © Environment Agency 2009 assets.publishing.service.gov.uk/government/uploads/system/uploads/attachment_data/file/292928/geho0609bqds-e-e.pdf. Concrete industry: Timperley, J., Carbon Brief Ltd © 2015 www.carbonbrief. orgqa-why-cement-emissions-matter-for-climate-change. **160** 150kg of food waste: © WRAP 2020 www.wrap.org.uk/contenthome-composting. **162** Harmful substances in the air: NASA Technical Reports Server ntrs.nasa.gov/citations/19930073077. **166** Lockdown cut energy-related emissions: Darby, M., © 2020 Climate Home News Ltd.- www.climatechangenews.com/2020/05/19/coronavirus-lockdown-cut-energy-related-co2-emissions-17-study-finds/. **167** Disposable coffee cups: Bell, S. © 2019 RoadRunner Recycling Inc: www.roadrunnerwm .com/blog/office-worker-waste-generation. **168** Data centre data: © 2018 Super Micro Computer, Inc. www.supermicro.com/wekeepitgreen/Data_Centers_and_the_Environment_Dec2018_Final.pdf. Energy consumption by data centres: Vidal, J. © 2020 Climate Home News Ltd: www. climatechangenews.com/2017/12/11/tsunami-data-consume-one-fifth-global-electricity-2025/. **169** CO2-e emissions graph data: © Copyright 2018 Environmental Paper Network: environmentalpaper.org/wp-content/uploads/2018/04StateOfTheGlobalPaperIndustry2018_FullReport-Final. pdf. **170** 4% of global carbon emissions: The Think Tank The Shift Project theshiftproject.org/wp-contentuploads/2019/03Lean-ICT-Report_The-Shift-Project_2019.pdf. **171** Global emails sent: Clement, J. © Statista 2020 www.statista.com. Graphic data: Berners-Lee, M., How Bad are Bananas?: The Carbon Footprint of Everything, 2010. Extra 7 million cars: © Immediate Media Company Ltd 2020 www.sciencefocus.com/ planet-earth/. One less email a day: OVO Energy www.ovoenergy.com/ovo-newsroom/press-releases/2019/november/think-before-you-thank-if-every-brit-sent-one-less-thank-you-email-a-day-we-would-save-16433-tonnes-of-carbon-a-year-the-same-as-81152-flights-to-madrid.html. 60% of internet use: © 2020 Sandvine www.sandvine.com/hubfs/Sandvine_Redesign_2019/Downloads/2020/Phenomena/COVID%20Internet%20 Phenomena%20Report%2020200507.pdf. **172** Average book 7.46kg of CO2 and e-books data: © 2002–2009 Cleantech Group LLC. gato-docs.its. txstate.edu/jcr:4646e321-9a29-41e5-880d-4c5ffe69e03e/thoughts_ereaders.pdf. **173** 374 million magazines: Johnson, J. © Statista 2020 www. statista.com/statistics/322476/magazine-print-sales-volume-uk/. 85% of global news revenues: © 2020 WAN-IFRA World Association of News Publishers www.wan ifra.org/reports/2019/10/20/world-press-trends-2019. **175** Socially responsible investing growth: Triodos Bank UK Ltd www.triodos.co.uk/press-releases/2018/socially-responsible-investing-market-on-cusp-of-momentus-growth. Investing increased by 34%: The Global Sustainable Investment Alliance www.gsi-alliance.org/wp-content/uploads/2019/03/GSIR_Review2018.3.28.pdf. **180** 565 condoms: The Associated Press apnews.com/article/23c459322ab24a86b458e71615784e42. **183** More than 65% of women use lube: © 2014 International Society for Sexual Medicine, Women's Use and Perceptions of Commercial Lubricants, Herbenick, D. et al., doi:10.1111/jsm.1242. **184** CO2 generation data: Ritchie, H., Our World in Data: ourworldindata.org/per-capita-co2. Land mammals lost habitat: © 2020 National Academy of Sciences, Population losses and the 6th mass extinction, Ceballos, G. et al. PNAS 25 July 2017 114 (30) E6089-E6096; doi:10.1073/ pnas.1704949114. **185** 58.6 tonnes CO2: © 2017 IOP Publishing Ltd, The climate mitigation gap, Wynes, S. and Nicholas, K.A. 2017 Environ. Res. Lett. 12 074024, doi:10.1088/ 1748-9326/aa7541. 40,000 children seek new homes: © Copyright 2020 Adopt Change www.adoptchange.org.au/page/38/the-issue. Number of nappies used: © WRAP 2020 www.wrap.org.uk/content/real-nappies-overview. Reusable vs disposable nappies: © Environment Agency assets. publishing.service.gov.uk/government/uploads/system/uploads/attachment_data/file/291130/scho0808boir-e-e.pdf. **187** 85% of babies: © 2020 Advameg, Inc. www.healthofchildren.com/P/Pacifier-Use.html. **190** Domestic cats data: Trouwborst, A. and Somsen, H., Domestic Cats (Felis catus) and European Nature Conservation Law, Journal of Environ. Law, eqz035 doi:10.1093/jel/eqz035. 64 million tonnes of CO2 from pets: © 2017 Okin, G.S. (2017).Environmental impacts of food consumption by dogs and cats, PLoS ONE 12(8):doi: 10.1371/journal.pone.0181301. Cats killing birds: © The Royal Society for the Protection of Birds (RSPB) www.rspb.org.uk. 67% US households: ©1998–2020 American Pet Products Association, Inc. www.americanpetproducts.org/pubs_survey.asp. **192** 25% of resources: © 2017 Okin, G.S. Graphic stat: © Mars 2019 www.royalcanin.com/au/about-us/news/new-survey-weighs-up-potential-reasons-behind-the-pet-obesity-crisis. **194** Americans choosing cremation: ©2020 by National Funeral Directors Association nfda.org/news/statistics. **195** Graphic data: Coutts, C. et al., Natural burial as a land conservation tool in the US, doi:10.1016/j.landurbplan.2018.05.022. **198** 14% of total emissions: © Intergovernmental Panel on Climate Change 2014 www.ipcc.ch/site/assets/uploads/2018/02/ipcc_wg3_ar5_full.pdf. Buses CO2: Carbon Independent, www. carbonindependent.org/20.html. Graphic data: ©IEA 2020 web.archive.org/web/20200103091659if_/https://www.iea.org/reports/ tracking-transport-2019. **201** 60% of people: Schaller Consulting www.schallerconsult.com/rideservices/automobility.htm. **202** Emissions of electric vehicle cut by 73%: European Environment Agency www.eea.europa.eu/highlights/eea-report-confirms-electric-cars. 10% of people in UK: Wagner, I., Statista Inc www.statista.com/topics/2298/the-uk-electric-vehicle-industry/. Electric car emissions: © 2020 International Council on Clean Transportation theicct.org/publications/EV-battery-manufacturing-emissions. Making electric cars vs petrol CO2: © Copyright 2020 Ricardo ricardo.com/news-and-media/news-and-press/ricardo-study-demonstrates-importance-of-whole-lif. Idling: © 2020 Environmental Defense Fund www.edf.org. **203** Speeds below 55mph: © Copyright 2018 Norcom Insurance www.norcominsurance.com/windows-down-vs-ac-which-is-more-fuel-efficient/. 250kg CO2 data: Carbon Independent.org www.carbonindependent.org/22.html. Fuel economy reduction: Huff, S. et al., "Effects of Air Conditioner Use on Real-World Fuel Economy", SAE Technical Paper, 2013, doi:10.4271/2013-01-0551. **207** Number of Flights in 2019: Mazareanu, E., Statista Inc: www.statista.com/statistics/564769/airline-industry-number-of-flights/#statisticContainer. Airport Emissions data: Jung, Y., NASA Ames Research Center: flight.nasa.gov/pdf/18_jung_green_aviation_summit.pdf. 15% of UK population took 70% of flights: Department of Transport assets.publishing.service.gov.uk/government/uploads/system/uploads/attachment_data/file/336202/ experiences-of-attitudes-towards-air-travel.pdf. **209** 140-fold growth: Forest Trends, Voluntary Carbon Markets Insights www.forest-trends.org/ wp-content/uploads/2019/04/VCM-Q1-Report-Final.pdf. **211** 1.4 billion people on holiday: World Tourism Organization (2019), International Tourism Highlights, 2019 Edition, UNWTO, Madrid, doi:10.18111/9789284421152. **212** People wanting to travel sustainably: © 1996–2020 Booking.com B.V. globalnews.booking.com/where-sustainable-travel-is-headed-in-2018/

さらに詳しいソースについては以下のサイトを参照
www.dk.com/iirg-biblio

索引

著者

ジョージーナ・ウィルソン＝パウエル

ジャーナリスト。自ら創立したサステナブルなライフスタイルを紹介するオンラインマガジン『pebble（ペブル）』（www.pebblemag.com）の編集者を務める。『pebble』では、エシカルなファッションから、エコツーリズム、プラスチックフリーの動向、パーマカルチャーにいたるまでのさまざまなトピックに関するニュースや特集、批評を掲載し、オンラインコミュニティの活動や、オンラインやオフラインの"エコ・フェスティバル"も展開。サステナビリティ問題や編集戦略のコンサルタントとしても活躍するほか、雑誌の発行人・編集者として17年のキャリアを有し、過去には『Time Out』、『BBC Good Food』、『Lonely Planet Traveller』を担当。現在、パートナーと犬とともに英国マーゲイトに暮らす。

監訳者

吉田綾（よしだ・あや）

国立研究開発法人国立環境研究所 資源循環領域 主任研究員。2001年に京都大学経済学部を卒業後、東京大学大学院新領域研究科国際協力学専攻修士課程、工学系研究科都市工学専攻博士課程を修了。博士（工学）。2006年より現職に至る。廃棄物・再生資源の国境を越える移動やアジア地域でのリサイクルによる環境汚染、電子廃棄物のリサイクル、持続可能なライフスタイルなど、ごみ・リサイクルの現状とその背後にある消費・ライフスタイルの研究をしている。プライベートでは二児の母。

日本版編集担当　　　山本浩史（東京書籍）
日本版ブックデザイン　山田和寛＋佐々木英子（nipponia）
翻訳協力　　　　　　株式会社トランネット http://www.trannet.co.jp/

これってホントにエコなの？

日常生活のあちこちで遭遇する"エコ"のジレンマを解決

2021年9月10日　第1刷発行
2023年1月26日　第2刷発行

著　者　　ジョージーナ・ウィルソン＝パウエル
監訳者　　吉田　綾
訳　者　　吉原かれん
発行者　　渡辺能理夫
発行所　　東京書籍株式会社
　　　　　〒114-8524　東京都北区堀船2-17-1
電話　　　03-5390-7531（営業）
　　　　　03-5390-7508（編集）
印刷・製本　株式会社リーブルテック